I WISH I'D KNOWN THIS

6 Career-Accelerating
Secrets for Women
Leaders

她定位

职场女性不能忽视的认知盲区

［美］布伦达·温西尔 (Brenda Wensil)
［美］凯瑟琳·希思 (Kathryn Heath) / 著

刘贵 / 译

中国科学技术出版社

· 北 京 ·

Copyright © 2022 by Brenda Wensil and Kathryn Heath
Copyright licensed by Berrett-Koehler Publishers
arranged with Andrew Nurnberg Associates International Limited

北京市版权局著作权合同登记 图字：01-2024-1312。

图书在版编目（CIP）数据

她定位：职场女性不能忽视的认知盲区 /（美）布伦达·温西尔（Brenda Wensil），（美）凯瑟琳·希思（Kathryn Heath）著；刘贵译 . — 北京：中国科学技术出版社，2024.4
书名原文：I Wish I'd Known This: 6 Career-Accelerating Secrets for Women Leaders

ISBN 978-7-5236-0546-2

Ⅰ.①她… Ⅱ.①布… ②凯… ③刘… Ⅲ.①女性—成功心理—通俗读物 Ⅳ.①B848.4-49

中国版本图书馆 CIP 数据核字（2024）第 044322 号

策划编辑	李　卫		责任编辑	高雪静
封面设计	东合社·安宁		版式设计	蚂蚁设计
责任校对	焦　宁		责任印制	李晓霖

出　　版	中国科学技术出版社
发　　行	中国科学技术出版社有限公司发行部
地　　址	北京市海淀区中关村南大街 16 号
邮　　编	100081
发行电话	010-62173865
传　　真	010-62173081
网　　址	http://www.cspbooks.com.cn

开　　本	880mm×1230mm　1/32
字　　数	137 千字
印　　张	7.5
版　　次	2024 年 4 月第 1 版
印　　次	2024 年 4 月第 1 次印刷
印　　刷	大厂回族自治县彩虹印刷有限公司
书　　号	ISBN 978-7-5236-0546-2 / B·168
定　　价	59.00 元

献给一代又一代改变世界、让世界
更美好的女性领导者

着火的扫帚

我们多么希望能与各位读者进行一场对话。

理想情况下，我们应该面对面地交流。我们非常乐于和你一起，探讨女性在职业发展中的挑战，听你述说你遇到的问题、你的故事和对未来的展望，并与你分享我们的经验。我们多么希望能有这样一场对话。

既然最理想的境地不可抵达，我们只好另辟蹊径，写下这本书。两位顶尖高管教练坐在副驾驶座上，带领你克服职业道路上遇到的重重困难。我们的心愿是：照亮职场中最为致命的盲区，培养你的大局观，并向你展示如何规避许多女性面临的常见难题。我们想要帮助你冲过事业终点线——成为领导者、功成名就、事业长青。

我们知道有许多职业建议可供你选择。说实在的，我们起初并没有写书的打算。但是，我们想要帮助女性成为成功、高效的领导者的热情从未如此高涨，女性领导者对成功的渴求也从未如此迫切。

2021 年全球新冠疫情期间，麦肯锡公司联合励媖组织，采访了 423 家公司的 65 000 名职员，[1] 并第七次发布《女性职场现状》（*Women in the Workforce*）年报。这份年报揭示了女性在晋升时仍然要面临的困境。

我们想彻底打破职场上臭名昭著的"玻璃天花板"。为了实现这一目标，我们必须解决的问题之一就是报告中提到的"断梯"现象。[2] 该术语指的是女性在管理行业中迈出第一步时就受到了过多阻碍。2021 年，每 100 名男性升职为管理人员的同时，仅有 86 名女性实现晋升。麦肯锡公司指出，"这一事实使得企业难以继续向更高层次发展"。[3] 这一性别差距在有色人种女性群体中更为明显，她们仅占高层领导群体的4%。[4] 尽管在疫情期间，女性失业人数远高于男性，但是企业高管的性别差距并不能仅仅归因于此。

在《打破自己的规则》（*Break Your Own Rules*）一书中，凯瑟琳（Kathryn）及其合著作者玛丽·戴维斯·霍尔特（Mary Davis Holt）、吉尔·弗林（Jill Flynn）引述的研究表明，当公司拥有足够多的女性担任高级领导时，[5] 公司的赢利和股价表现都会有所提升。[6] 市场营销教授罗伊·阿德勒（Roy Adler）对 215 家进入《财富》杂志 500 强的公司进行了为期 19 年的研究。他发现，女性高管人数较多的企业在财务表现上优于其竞争对手。1992—2006 年，商学院教授克里斯蒂安·L. 佐尔坦（Cristian L. Dezső）和大卫·格拉迪斯·罗斯（David Gaddis Ross）跟踪调查了 1 500 家美国公司。他们的研究结果显示，女性高管的数量与公司的财务表现、市场价值和销售业绩增长均呈直接正相关。[7]

这些发现与其他许多研究结果相一致。麦肯锡公司在 2020 年发布了一份报告，数据涵盖了来自 15 个国家的 1 000 多家大型公司。该报告发现："女性高管人数越多，企业的表现就会越好。女性高管比例超过 30% 的公司很有可能在综合表现上超过女性高管比例在 10%~30% 的公司，当然，后者更有可能超过那些女性高管比例更低或根本没有女性高管的公司。"[8]

麦肯锡公司在 2019 年的一项研究表明，女性在面对全球化复杂挑战时，往往能展现出更出色的领导能力，包括激励员工、参与决策、人才培养和树立榜样等方面。[9]

类似的研究屡见不鲜。显然，企业不能承受失去女性领导者的代价。更重要的一点是，企业亟须更多蓄势待发、能够胜任领导职位的女性。这也正是我们撰写本书的动力之一。

燃烧的扫帚

我们为这本书付出的心血和一位女性的英雄事迹有着异曲同工之妙。这位女性名叫佩吉（Peggy）。第二次世界大战期间，她用自己的机智和勇敢逆转了一场悲剧。战争期间，佩吉和全美各地的妇女团结起来，支援战争。当男人应征入伍时，她们在许多需要劳动力的地方填补了空缺。其中一个小分队在美国某个小镇的地区机场工作，她们在塔台站岗，协助飞行员起飞和降落，以此为祖国效力。

站在塔台上，她们能看到机场和地平线上的风景，机场附近的铁路线也一览无余。她们的大部分工作都是固定的：向地面上的工作人员发送清场信号和无线电信号。

佩吉也在塔台工作。她和同事们从楼上可以俯瞰着陆跑道，看着飞机升空，逐渐变小，直到在视野中消失。她们记下铁路时间表，环顾四周，看着列车从邻近的车站进进出出。

一个寒冷的夜晚，佩吉与两名同事一起值班。当她们发现一架小型飞机闪烁着灯光向着陆区飞来时，她们停下了日常工作。这架飞机迅速下降，接着坠毁在机场旁边的铁轨上。飞机残骸沿着铁轨延伸了四分之一英里（约 402 米）。按照规定，佩吉和团队发出了紧急救援信号。

仅仅几分钟后，塔台上的人就发现远处有一列长长的列车驶来，列车丝毫没有意识到自己即将撞上失事飞机的残骸。她们站在高处，眼睁睁看着另一场灾难即将降临。由于铁轨上有一处拐角，列车长根本看不到前方路况，等列车拐了弯，一切都为时已晚，列车根本不可能停下来。

看到同事们急切地用无线电广播寻求援助，佩吉觉得自己必须做点什么，她一定要采取行动。于是她全速冲到一楼，抓起一个沉甸甸的扫帚，拿起一盒火柴，一个箭步跑了出去。塔楼外寒气逼人，她冲向飞机残骸和列车之间的铁轨，点燃了扫帚，然后站在铁轨中央，举着扫帚冲向了迎面驶来的列车。拐过弯道，佩吉稍做停顿后再次点燃扫帚，挥动着扫帚朝渐渐逼近的列车跑去。到最后，她累得筋疲力尽，仍在铁轨中央拼命挥动着燃烧的扫帚，想方设法又近乎绝望地试图让列车长看到她。

列车长瞥见了一团小火苗在来回摆动，于是在转弯前就开始减速。伴随着尖锐刺耳的刹车声，列车在撞上飞机残骸前停了下来。毫无疑问，佩吉的坚决果断阻止了一场似乎无法避免的灾难。

佩吉点燃扫帚的故事振奋人心，这也反映了我们工作的意义和创作本书的宗旨。在创作每一章时，我们就好像点燃了一把有象征意义的扫帚，冲向一代又一代的职业女性，提醒她们在弯道附近即将出现的职场盲区。我们深谙其道，更是其亲历者——我们身上的"伤痕"就是最好的证明。经年积累的培训经验也让我们对这些盲区产生了更为深刻的理解。

作为大师级高管教练，我们辅导了各个年龄段的职业女性，听她们讲述自己的经历。她们来自不同行业、不同地域，有着不同的文化背景，担任高管、中层管理或是监事专员等职位。我们在许多跨国公司、中型企业和非营利组织中的培训对象大都是企业认定的极具潜力的女性员工。对学员进行360度全面反馈和评估是领导力培训的一个重要环节。因此，我们平均要采访10个以上的员工，以便了解她们的强项，然后有针对性地提高她们的领导力。我们的目标是确定她们需要学什么、怎么做，以便进一步提升她们的领导能力。我们将收集到的信息和资料整理成一份详尽的报告，供我们与学员一同进行参考和复盘。我们已完成了数千份报告，每一份报告总是能挖掘出学员从未意识到的自己存在的观念或行为模式。报告所提供的反馈信息将这些问题暴露在阳光下，并让她们有能力处理这些问题。

基于长达20年的研究、创作两本书、整理了无数的文献材料和博客文章、数十年的领导力培训经验，以及我们自己的企业管理经验，才有了本书中概述的所有研究成果。我们发现是几个普遍存在的盲区阻碍了女性加速晋升至重要的领导岗位，阻碍了她们获得成功以及拥有可持续发展的职业生涯。

当我们谈到她们的职场盲区和避开盲区的策略时，她们常常会说："我要是早知道这一点就好了。"而有了这本书，无论你处于职业发展的哪个阶段，你都能从中获益。

我们还拥有与企业合作的经验。我们知道，不同的文化和社会规范并不总是会包容和欢迎当今的多元化劳动市场。

与企业合作时，我们工作的一部分内容就是帮助企业认识到这一点，并做出相应改变。我们还对每一家企业的企业文化、非正式的不成文规定和准则做了很多研究。我们发现，这些信息常常传达给了男性而非女性。而我们的目标就是揭露这些不成文的、非正式的秘密，因为种种复杂的原因，这些秘密往往不为女性所知。

数据来源

▶ 我们已经培训了超过 800 位职业女性。

▶ 我们完成了超过 4 000 次采访，并对每一次采访得出了全方位的总结报告。

▶ 我司已完成了三个大型研究项目，以助力职业女性取得成功。

当学员们聚在一起时，我们经常听她们谈起女性领导者在职场中面临的"双重束缚"❶问题。大家知道，女性领导者

---

❶ 双重束缚，指一个人同时处在交流的不同层面，当另一个人向他发出互相抵触的信息时，他必须做出反应，但无论他如何反应，都会得到拒绝或否认，使他陷入两难境地，因为他做什么都是"不对的"。——译者注

要遵循不同的职场规则，如果她们按照男性的工作方式办事，并不会得到同样的反应或效果。当她们发现其他人也感同身受时，瞬间如释重负，谈话的氛围明显轻松了许多。她们逐渐了解外界对她们寄予了不同的期望。她们源源不断地获得了文化和社会的期望信息，因此对自己的行为模式有了更清晰的认知，并发现这些信息与男性收到的信息完全不同。她们开始意识到，女性之所以会面临重重挑战，并非是她们能力、水平或地位低下，而是她们所处的环境通常不受她们的控制。女性往往被寄予不同的期望，而这难免会让女性感到愤愤不平、失落沮丧。

然而，我们写本书的唯一目的就是帮助女性把握每一个机会，打破那些无益的行为模式。经过我们培训指导的每一位成功女性都掌握了本书中的技能，并利用这些技能尽其所长。这本书重点介绍了我们的研究成果，以及我们认为有效的应对策略。它将指导各位读者如何在规划职业生涯时，提高自己的主观能动性和目的性。

来自土拨鼠之日的灵感

经过一周漫长的女性领导力培训活动后，我们意识到有必要写下这本书。回顾这一周的工作，我们惊讶地发现：不管我们的听众和客户有多不同，总是有好几个相同的主题反复出现，并贯穿始末，就好像有一部短片在循环播放。谈及这一点时，凯瑟琳调侃道："我几乎在每次谈话中都会听到同样的话题和问题。有时感觉我们被困在了《土拨鼠之日》（ *Groundhog Day* ），在同一天里无限循环。"

她所说的《土拨鼠之日》，当然指的是 1993 年由比尔·默瑞（Bill Murray）和安迪·麦克道威尔（Andie Mcdowell）主演的一部电影。默瑞扮演了一位愤世嫉俗、有些无知的电视天气预报员。他被派遣至宾夕法尼亚州的普苏塔尼镇，报道当地举行的年度土拨鼠日庆典，却发现自己陷入了时间循环——之后的每天早晨醒来都是土拨鼠日，如此周而复始。直到他从错误中吸取教训，改变了自己的生活理念，才最终打破了这个循环。[10]

"土拨鼠之日"的比喻并非空谈。之所以会有这样的感慨，是基于我们数十年的工作经验得来的。本书提炼了我们在研究中发现的精华，阐述了女性在职场上追求事业发展时面临的最普遍、最重要的挑战。如果你对这些盲区不加注意，那就会偏离职业发展轨道。本书旨在帮助你规避这些盲区，加速晋升，实现超越。

每个人都有盲区。我们的目标就是拨云见日，让读者看到自身的盲区，审视、思考并规避盲区。我们认为这些信息能赋权女性——当知道自己在同事眼中的刻板形象后，女性有权利选择是否做出改变。通过这些宝贵的反馈，女性可以修正自己的行为，以便更好地适应所处的文化环境，并意识到是什么在无意中阻碍了自己的进步。

研究成果和我们的经验表明，如果女性能有目的、有意识地规划自己的职业路线，追求更高的职业目标，就能取得更高的成就。这背后的原因有很多，但最重要的是，这样做能打破你的既定模式。本书提供了几个基于实证的重要见解和可以帮助你明确职业目标的策略，哪怕未来祸福无常，你也能通过本书创建一条行之有效的职业道路，实现自己的目标。

在《异类：不一样的成功启示录》（*Outliers: The Story of Success*）一书中，马尔科姆·格拉德威尔（Malcolm Gladwell）提到了"一万小时法则"的概念。[11]虽然练习什么、如何练习之间有许多细微的差别，但格拉德威尔认为，长期专注、正确的练习会增加人们熟练掌握某项技能的可能性。因此，我们的培训一直从非常具体的方面入手，传授我们积累的经验。我们的基本理念就是，必须要有计划地进行选择、谨慎地思考、清楚地了解自己想要实现的成果，要带着目的去构建自己的事业。你才是自己事业的主宰。

我们的展望

　　凯瑟琳·格雷厄姆（Katharine Graham）于 1972 年出任《华盛顿邮报》的首席执行官，打破了世界 500 强企业的第一道玻璃天花板。[12] 近几十年来，越来越多的女性（终于）担任了大型企业的首席执行官。1995—2013 年，世界 500 强企业的首席执行官中，女性占 7.4%。2014—2021 年，该数字上升至 8.2%，女性首席执行官共有 41 人。[13]

　　10 多年前，我们公司的女性就提出了一个发展愿景。我们希望（至少）有 30% 的美国企业高级职位由女性担任（当时，女性高管人数大约占 17%。）。[14] 我们决定制定一个目标，扎根梦想，并称之为"红衣展望"。我们想象着有这样一场高管会议：10 位领导人围坐在办公桌前，商讨公司的重大决策。其中 7 位男性身着传统的商务灰色服装，3 位女性则身着代表权力的红色服装，女性的存在改变了以往的对话模式，为公司未来发展提出了重要意见。我们并不满足于只有 30% 的女性领导人——这个数值只是一个衡量指标，将来这个数字肯定会发生更为深刻的变化。

　　我们的目标之一是支持女性和为女性赋权。我们也知道，领导层的女性占比越高，就越能从总体上改善工作环境。如前述研究表明，由女性管理和领导的企业，在赢利、创新、多元化和风险管理等方面，尤其有着显著的优势。[15]这些数据激励着我们不断探索，敦促我们与全球各地的 500 强企业以及在这些企业上下游工作的女性职员展开合作。

在过去几年里，我们看到曾经合作的组织或企业内部正掀起一场革命之风。女性开始寻找自己的声音，她们举手迎接挑战，不断寻求新机遇，并利用她们的声音去影响关键决策。通过制订远景计划、打破旧规则，她们发现了个人的力量。这一认知和热情都极具感染力，能让领导团队意识到，他们在女性领导和女性高管身上的投入得到了回报，同时也为企业创造了额外的巨大效益。据我们估算，每帮助一位职业女性，她所获得的知识和产生的变化就会让另外三到五位男女同事受益。因为女性非常慷慨大方，她们以职业人士的身份学习了新知识后，从不会吝惜分享。

2020 年年底的一项研究表明，在美国，女性只占高层领导人数的 24%。这一数据相比 2011 年有所改善，但还远远不够。[16]2020 年爆发的新冠疫情让我们始料未及，有太多职业女性因此受创，有色人种女性和其他边缘化女性群体受到了更为严重的负面影响。因此，在培训工作和这本书中，我们将重点放在来自世界各地、不同种族的女性身上。

另外，我们也绝对不能忽略职场上风云诡谲、变幻莫测，有许多因素不受女性控制，她们也因此面临重重挑战。故而，改变现状需要多管齐下，不仅要从女性自身做起，还要从男性、企业领导层做起，大家致力于塑造公司文化，制定相关政策，才能实现我们的目标，让更多女性领导者扎根职场。

世上没有万能的成功公式，每个人都有自己独特的旅程。但我们也亲眼见证了，只要职业女性采取一些特定的策略和行为，就能在职场上过得风生水起。为了照亮女性普遍面临的盲区，我们要帮助女性走上一条快速、有效的职业发展道路。

事实是，哪怕有一天我们实现了目标，让女性企业高管的比例达到 30%，我们也不会就此罢休，而是要照亮前方的路，让女性充分发挥她们的能动意识，成为自己事业的掌舵人。

本书使用指南

在过去数年里，我们对数千名职业女性进行了研究和培训，从而确立了六大常见的职场盲区。长期以来，女性对这些盲区一无所知，也没有任何相关的信息渠道。因此，在这本书中，我们会向所有读者揭露这些商业秘密。（我们也希望看到这本书的你能将这些秘密与尽可能多的女性分享！）

这六大盲区有时会相互重叠，但它们又截然不同。这些盲区与你自己、你想要成为什么样的女性、他人会如何看待你等方面有着密切联系。女性应该追求真实和本我，这也是我们对女性的期望。然而，我们希望你能明白，他人的看法会对你的职业生涯产生影响，所以你可以在不牺牲真我的前提下，影响他人对你的看法。

因为我们不能与各位读者进行面对面的交流，所以每个章节都将仿照我们培训学员时的情形展开，再根据书面形式略做调整。

我们将给你提供海量的信息，但这好比是让你在一顿饭内吃掉一头大象，这并不是我们的目的。相反，你要找出最符合你当前职业发展需要的那"一小口"相关信息，然后以此为起点来进行学习。当你认为自己已经准备充分，就可以接着学习其他内容。

本书中各章的标题指出了各个盲区，并告诉你在通往成功且可持续发展的道路上的注意事项。接下来的六个章节涉及的主题包括：

树立宏图大志，确定努力方向，制订行动计划。

通过反思、反馈，培养深刻的自我认识，提高主观能动性。

建立良好的声誉，即有意识地经营、管理、宣传自己的名誉和个人品牌。

建立一个强劲有效的指导系统，并不断获取反馈，以便在职业道路上持续前进（或帮助你改变自己的职业道路）。

不懈地准备和训练各种能力，尤其是完成本职工作之外的能力。

建立一个坚实的支持系统或"团队"，让它在你面对职业选择时帮助你扩宽职业道路、提供支援和职业建议。

本书的每一章都包含了相关的故事。故事的主人公和你们一样——精明强干、兢兢业业。每个故事都详细描述了她们因为职场盲区而受挫的经历。书中写的都是真人真事，但为了保护隐私，我们更改了她们的姓名。

接下来的小节将总结故事中出现的职场盲区，数以千计的女性都曾犯过同样的错误。此外，我们还阐述了识别职场盲区的重要性。这就是我们向无数职业女性挥舞"燃烧扫帚"的方式，如此一来，你就能规避沿途潜在的未知障碍，走上有效且可持续的职业道路。

这一节结束后，就是"职场盲区的危险"相关内容，进一步说明了关注职场盲区的重要性。没有人愿意断送自己的职业生涯，如果你没有看到或没有意识到弯道处可能出现的盲区，那你就无法应对潜在的危险。

接下来的小节是"教练临场指导"，我们罗列了一些问答题，帮助你反思自己目前的职业发展情况，思考导致自己踏入盲区的原因。这些问题旨在帮助你思考如何采取不同的行事方式，以规避可能危及自己职业发展的情况。它们将挑战你的思想观念，让你看到其他的可能性。我们鼓励你现在停下来进行自我反思。如果你觉得写日记或做笔记很有用，那你可以花几分钟试着写下自己的答案，或写下你在这些问题的启发下产生的观念或见解。

当你在读到"策略"一节时，我们希望你能在脑海里牢记自己的答案。在这部分内容中，我们会提出许多经过时间检验、屡试不爽的方法策略。在过去几十年中，我们的学员正是通过这些方法来克服困难、开启成功职业生涯的。你可以将其中一些策略整合到工作实践中，做出实时改变，以帮助你转换思维、培养新习惯、踢开绊脚石。书中囊括的所有策略旨在帮助你发展新的思维模式和技能，为自己创造更多机会，扩大影响力并增强自己的信心。

书中提出的方法能让你以效率更高、压力更小的方式达到你想要实现的目标。不管你处在职业生涯的哪个阶段，这些策略都能被一一采用，如果你的事业才刚刚起步，那么你在有意识地规划、充实自己的职业生涯时，采取其中一些策略就可以为你带来指数级别的提升。我们会为你提供许多策略，但请记住：贪多嚼不烂。我们的建议是，先从一个领域开始。先做一件事，再做另一件。你不可能一次性解决所有问题，也不应该尝试这样做。你应该从那些能引起你共鸣且看起来可以解决的事情下手，然后以此为出发点去拓展。我们发现，当你花时间去掌握新事物时，才更有可能实现蜕变。

在每章结束时，我们将对本章的重点进行概括总结，着重指出我们想要传达的信息和你需要采取行动的地方。

我们的目标是，让更多的女性在世界各地的企业中担任高层领导，我们将不断从中获得启发，并以坚定的信念去实现这一目标。因为我们知道，当更多的女性成为领导者时，企业的目标和发展方向都会向好发展，每个人都能从中获益。

我们为你加油助威，是你坚实的后盾；我们希望你能成功，开启一个充实、可持续且成功的职业生涯；我们希望你能挺身而出，满足各家企业、各个行业对女性领导的需要；我们为你提供可靠的、基于实证的方法来避免踏入盲区；我们希望你能从现在开始了解这些信息。

现在让我们进入正题——点燃手中的扫帚。

CONTENTS 目录

第一章

CHAPTER 1

职场漂流

你必须有眼界、有策略、有规划

> "
> ——————————————————————
>
> 只要能想到，就一定能做到。
>
> ——奥普拉·温弗瑞（Oprah Winfrey）
>
> ——————————————————————
> "

科琳娜（Corinna）是一家大型专业服务公司的经理。在职业生涯中期，她陷入了进退维谷的境地。其实，她专业能力优秀、领导才能出众、潜力无限，深受公司高层领导的青睐。我们此次受邀与她合作，因为她在测试反馈中反复出现一个问题。

她经常被这样评价："她很有才能，但我并不清楚她的长远计划。""我很乐意帮忙，但我不明白她的目标是什么。""她很讨人喜欢，工作也很有干劲。不过据我所知，她目前还没有什么事业上的追求。"

当布兰达（Brenda）与她谈及测试反馈中反复

出现的问题时，科琳娜惊讶地发现，自己的同事竟然会认为她对未来职业发展没有规划。但是，当布兰达问及她是否有职业目标时，她却给出了一个模棱两可的答案。"有点儿吧……"她如实说道。科琳娜很有上进心，但她不清楚自己应该"上进多少"，也不知道怎么开始，更不知道自己到底要做些什么。她对布兰达说，公司有些领域的工作比其他工作更有意思。她知道自己想升职，但她并没有制定明确的目标，也没有明确的职业规划来实现晋升。

"等你长大了，你想做什么？"孩子们在回答这个问题时，总是会兴致勃勃地讨论起自己长大后的样子——有时候甚至还会一口气说出好几个答案。"成为一名消防员、一名艺术家、一名宇航员、一名老师，甚至成为一位医生。"他们的答案每天、每周都在变化。这对孩子来说理所当然，因为他们本就该大胆想象、不断探索，并且有很多时间去寻找最终答案。但对成年人来说，这样的回答可能并不合适，因为他们需要更明确的答案。

制订一份职业规划能帮助你找到方向、打磨能力、建立信心，并抢占先机。明确自己的职业发展方向，能帮助你克服不良的习惯、专注于自己的目标，并能让你在职业发展道路上，更快速地找到调整自己的规划或制订新计划的时机。

就我们的经验来谈，对所有从业者而言，缺乏职业规划的问题比我们在下文即将讨论的大多数职场盲区更为普遍。我们发现，许多人对自己的职业发展没有清晰的定位。

据我们所知，相较于男性，女性通常更晚、更少地接触有关职业生涯规划重要性的信息。教育机构一般不会宣扬职业规划的重要性，更多关注的是如何选择专业，如何获得学位，以及如何获得第一份工作。而员工一旦就业，许多公司并不会动用资源来帮助其规划职业生涯。员工在企业组织架构中的角色常常成为定式，而衡量是否进步的方式常常演变为员工能否获得晋升的机会。

另外，职业女性更有可能受到双重束缚和性别刻板印象的压制。有这样一个鲜明的例子：有多少男性会被问及，在生产或哺育孩子后，需要多久才能返岗工作？今天，我们意识到男性要回归家庭，并为此做出了积极改变，例如实施男性陪产假以及选择弹性工作时间等；反观女性，当她们在职场上闯荡、不得不牺牲家庭时，又会发生什么呢？相比男性，女性更有时间紧迫感。这一现象仍然非常普遍，因为女性通常会在经营家庭时，承担更多的情绪劳动❶和家务。

---

❶ 情绪劳动指员工在工作时展现出令组织满意的情绪状态。——译者注

许多对女性的双重束缚则更为隐秘。在 2018 年《哈佛商业评论》上发表的一篇文章指出，人们期望女性的行为举止展现出温暖、善良的品质，但当她们这样做时，却被看作是能力不足、缺乏狠劲的表现。人们常说，女性一定要树立权威，如此才能博取信任，但她们这样做时，又被视为心高气傲、目中无人。人们期望女性能服务他人、积极工作，但当她们要求享受同等待遇时，又被他人用猜忌的目光加以审视。[1]

基于上述及其他原因，对女性来说，有意识地规划职业生涯、展望职业道路、制订明确的计划和目标，这一点尤为重要。

研究人员达西·舒尔茨（Dasie Schultz）和克里斯汀·恩斯林（Christine Enslin）指出，研究表明，在提升至管理层时，有意识地规划职业生涯，能帮助女性应对职业晋升障碍，并主动克服职场上的性别偏见和刻板印象。"对于女性员工、女性高管来说，进行职业规划被认为是晋升的不成文规定之一，因此她们参加了我们的女性晋升障碍研究项目，以期能尽早认识这一问题，并开始规划自己的事业。"[2]

极少有女性谈及她们的职业规划，她们谈到的职业蓝图往往也十分简单粗略。参加领导力培训的大多数女性都制订了目标，但却没有想清楚应该采取哪些具体步骤去实现目标。

我们看到，有太多的女性都在为争取成功而犹豫不决。

这是一个普遍存在的职场盲区，这一点在我们的 360 度反馈评估报告中得到了印证。我们采访了与培训学员相识的人员，他们身份各异，包括同事、团队成员、直属部下、领导上级及其他企业的股东。在采访时，我们会问："你的强项是什么？你需要怎样做才能达到更高的水平？"并以此形成反馈评估报告，反馈评估报告提供了许多关于学员的数据和信息，也因此成为我们进行分析研究的宝贵工具。

我们的反馈评估报告有一个共同的主题：谈到未来职业发展时，受访人是否使用了含糊不清的表达。如果你的合作伙伴给了你这样的反馈，那就为你敲响了改变的警钟。若你不向自己和他人明确说明你的首选目的地，那你就不是在进行职业规划，而是全凭运气在工作。

试想，当你与一家企业的首席执行官谈话时，你发现他对公司的未来发展方向一无所知。如果该公司的商业计划仅仅提出了"赚钱"这个模糊的概念，又或者公司在"使命目标"一栏写的是"走一步看一步"，那么你还会投资这样的公司吗？

要成为自己事业的掌舵人，就必须像首席执行官一样思考。也就是说，你要明确方向、确立目标，并制定实现这些目标的战略。

职场盲区：职场漂流

女性会毫不迟疑地采取战略性策略，或运用批判性的思考技巧来帮助公司、团队和项目，但她们往往无法用相同的创意和策略来规划自己的事业。由于女性往往扎根当下、专注于做好日常工作，且从未仔细思考过为什么制订远景规划如此重要，所以她们可能并未意识到规划的重要性，制订远景规划也就无从谈起。这就可能形成一个职场盲区，好比你想要抵达一个目的地，却不知道目的地在哪里。若你不知道目的地的确切位置，又如何用地图查找路线、如何问路呢？如此一来，你就冒了迷路或被困在一个你不想去的地方的风险。

若缺乏一个目标鲜明的职业规划，女性更有可能听取导师、赞助方的建议或采用他人的主张，被动接受任何职业角色或机会。许多女性为了迎合公司的需求而随波逐流，没有规划自己的职业生涯，也未曾有意识地采取行动以达到目标，类似的案例比比皆是。其实这种做法也无可厚非，但"随波逐流"的态度确实有可能将你带到一个你不太愿意去的地方。若让他人主导你的事业——即使是在无意识的情况下——也会招致这样的风险。别人不会考虑你的愿望和优势，而将你安排在某个特定的岗位上，为他人或组织服务。

到头来，你可能会受到排挤，或沦落到一个让你不那么满意的岗位上，从而失去职业发展的主动权。缺乏职业规划会阻碍你的发展，滋生焦虑，让你感觉对生活中一个重要的部分失去了掌控。"没有什么'工作仙女'会神奇地让理想的工作出现。""使命典范退休"组织（MissionSquare Retirement）❶的首席执行官林恩·福特（Lynne Ford）如是说道，"你必须走出去，争取你想要的东西。"[3]

最高效的首席执行官是那些最有可能产生影响和提出计划的人。他们知道自己的目的地，会有意识地不断寻求发展机会，并克服挑战、排除万难。首席执行官们研究大环境以寻找竞争优势。如果你知道自己的目标，并希望采取具体行动以主宰自己的未来，那么你也能采取与之相同的策略。

职场盲区的危险

有一句字字珠玑的老话常常被提起："你不知该往哪儿走，就只得跟着别人走。"当你的事业被命运左右时，你能左右命运吗？也许会吧。但你是否要将自己的事业寄托于运

---

❶ MissionSquare Retirement 是一家为职场人士提供退休保障项目的全球性独立非营利组织。——译者注

气？我们不建议这样做。

未能制订战略计划和中期目标会让你更难发挥自己的优势和长处。依托你的优势来确定自己的职业道路，这一做法的价值不应该被低估。诚然，你可以学习新的知识，提升已有的技能，但你也拥有与生俱来的优势，何不对其加以利用，帮助自己打造一条让自己感到心满意足且有意义的职业道路呢？所以在制定目标时，首先应从自己的长处着手，而不是摸索自己专业领域之外的东西。我们的经验表明，利用自己的优势来促进事业发展，会让你在职场上走得更快、更远。

拉克希米（Lakshmi）在一家大型保险公司工作，她的经历就是一个典型例子。她富有创造力，也擅长解决问题。她对学习始终保有好奇和兴趣，床头柜上总是堆满了各种各样的书籍。尽管她喜欢目前所在的公司，但她并不满意自己被分配的职位。拉克希米发现自己常常做一些流程化工作，工作内容轻松简单，因为她的任务就是推进工作，保证项目如期完成。然而她的心里很不是滋味。她认为，目前的工作并不需要她进行头脑风暴，也不要求她为棘手的问题找到创造性的解决方案或者展现她的创造力。她的"超能力"就这样被埋没了。

权衡取舍后，她明确了自己的心之所向，并顺利在一家新公司找到工作。在新的职位上，她能够熟练运用自己的流程推进技巧来协助公司。因为公司仍处于起步阶段，她有很多机会可以发挥自己的创造力并以此来拓展公司业务。

缺乏战略性职业目标可能会导致你选择的工作不符合或不能彰显自己的价值观。例如，阿莱恩（Alaine）希望自己能在公共服务领域发展事业，同时也希望获得私企中更好的回报和福利，因为她知道非营利组织提供的薪资并不足以保障她认为舒适的生活质量。但通过明确自己想做的工作并让他人了解这一信息后，她在公司新设立的可持续发展部门中找到了容身之地。阿莱恩可以为公司做出贡献，满足她对公益事业的热爱，并获得理想的薪酬福利。

教练临场指导

以下问题将帮助你反思自己的处境：

- 自我对话时，有哪些信息可能会阻碍你建立或分享自己的长期目标？
- 你的下一步打算和未来规划是什么？

- 如何调整自己的现状，以不同的方式看待机遇？

- 规划职业生涯时，可能需要考虑到哪些实际问题？

- 制订计划后如何进一步完善计划？如何更加具体地了解你想要什么？

- 若你希望在具体工作或事业发展上取得成功，你会怎么做？

- 如何将梦想变为现实？

策略

用大量的时间去做梦，这不是玩笑——闭上你的双眼，想想自己的现状，想想自己梦寐以求的东西、想要抵达的地方。有一位客户告诉我们，在投入相当长的时间"做梦"后，她意识到，自己的主要目标可不是为了给其他老板打工。最后，她创办了自己的企业，实现了自己的梦想。布兰达的一位老学员也分享了她的雄心壮志："我想成为高管层寻觅的那个神。"她的目标十分明确，因此非常容易制订相应计划。以下的策略久经时间考验，帮助我们的客户找到了自己的方向。

自我分析法（SWOT）[1]：评估你的优势、劣势、机会和威胁

首席执行官定期采用本方法对其经营的企业进行分析，你也能将其用于个人分析和评估。

- **优势**。你的强项是什么？你有什么技能？你有什么独特之处？你是世界一流的项目经理吗？你善于进行组织或协作吗？你是否乐于处理和解决复杂的问题？你能与他人谈论起的成就是什么？你的工作对你的人生有何意义？在什么情况下你感到最有自信？

- **劣势**。你有哪些技术上的不足会阻碍事业的发展？你希望在哪些方面实现发展和成长？你是否收到过进行某方面改进的反馈？在哪些情况下，你最有可能缺乏自信？

- **机遇**。你认为提升哪些方面能让你从中受益？如何放大你的优势？如何在公司中寻求新机遇？你是否注意到了以全新方式利用自己的技能和专业知识的市场趋势？

- **威胁**。有哪些潜在的障碍和挑战会阻碍你的进展？你

---

❶　自我分析法（SWOT），即对企业或者个人的优势、劣势、机会和威胁进行分析，分析的结果可以完全转化为行动方案。——译者注

是否苦于没有充足的时间？你所处的行业是否正在失去市场份额，或者因为技术的飞速发展而受到影响？你需要哪些资源和支持来实现你对未来的设想？

写下你的发现。如表 1 参考样例所示：

表 1　SWOT 分析案例

优势	劣势
我很有创意。 我善于交际。 我是一名技术人员。 我积极进取，执行力强。 我乐于改变。 我很有胆识。	我缺乏对不同行业的认识。 我在公司没有什么存在感。 我的关系网很少。 我没有制订具体的计划以实现目标。
机遇	**威胁**
我所在的企业有扩张计划，并且即将开辟新业务。 我并不害怕求助他人。 我可以通过公司的培训来学习更多技能并提升竞争力。	我需要别人的协助来完成重要工作，同时需要更好地学习该行业专业知识。 我建立关系网需要时间。 我需要时间来发展自己对决策者的影响力。

情景规划

许多企业会使用"情景规划"的方法在远景规划时纳入不同的变量。例如，油价上涨、流行病或用工荒会如何影响远期商业规划？尽管我们没有水晶球预知未来，但公司若能根据不同的情景进行规划，就可以更好地应对未知的局面。这种策略同样适用于个人职业规划，因为它能帮助你更好地做出调整。我们对成功女性的研究表明，女性在积累经验以实现目标时，常常会朝着不同的方向调整。她们会设想 3~4 个不同的职业方向，并试问："目前哪一个职业方向最为理想？""若现状有变，你会选择哪一种职业？""你需要做出什么改变，以便能按照自己的意愿做出调整？"

非正式调查

你是否喜欢你的工作、你所在的公司或企业呢？公司投资过哪些领域呢？你的同事或合作伙伴对市场的看法如何？企业中某些部门是否在扩张？你的知识或专长是否能从遇到发展瓶颈的行业中受益？你对公司未来的发展方向有何看法？哪些领域有潜在的发展机会？

有时候你可能会做着一份并不适合自己的工作。在这种情况下，你可以与人力资源部门及行业协会的人员、各行业人士，以及从事着你感兴趣工作的人进行交流，即进行信息类访谈，旨在让你更了解这些职业和角色，以评估自己的兴趣所在和发展前景。

了解就业市场

当你与他人交谈时，让他们预测一下你所处公司的发展方向和你目前感兴趣的相关行业。哪些行业有望出现增长？根据当下趋势，公司需要具备什么技能的人才？了解你所处公司的需求，并思考它与你的长期规划是否相符。若不符合，有哪些行业可能会提供让你更感兴趣的工作？

思考你不想要什么

有时候，明确自己不想要什么能让你更轻松地了解自己想要什么。你是否愿意继续从事过去的工作？什么条件或环境让你不能容忍？仔细考虑实际情况，例如你的经济需求，或你是否适合长时间通勤或长期出差的工作？反之，你是否厌恶在办公室伏案工作？你是否更愿意在家远程办公？家庭友好型工作环境❶对你来说是否重要？这些实际考量可以帮助你排除某些职业选择。

---

❶ 家庭友好型工作环境指通过制定人性化的工作制度，发展有利于职工身心健康的工作环境，支持职工平衡工作、家庭和个人生活，让职工可以全身心投入工作的工作场所。——译者注

制订一个方案或调整你选择的方案

让你的想象力大胆驰骋，然后根据自己的实际情况考虑自己的职业选择。你准备好投身哪个行业了吗？你可以与他人谈论自己职业的各种可能性并做好笔记。作为自己事业的主人，你应该对自己的发展方向有一个远景计划，并清楚地了解自己的目标以及如何采取行动。要做到这一点看起来很困难，事实也确实如此。许多女性告诉我们："不确定的因素太多，导致我无法制订计划。"好消息是，计划确实赶不上变化。这也意味着你能不断调整计划，而非宣誓终身投入于某一领域。你能根据自己职业生涯的发展和生活环境的变化，随时改变、校正和微调自己的方向。

赢得你的"徽章"

与凯瑟琳共事的一位领导常说："朝着目标前进。为你想要的工作而非现有的工作去学习技能。"研究显示，推动职业发展受多方因素影响，包括工作经验（70%）、与他人互动（20%）以及正规教育（10%）。一旦你确立了方向和远景计划，你就可以集中精力解决70%的问题。那么，你需要什么工作经验呢？这就好比在夏令营或为了获得电子证书而不留余力地去赢得"徽章"一样，促使你不断突破自己的上限，进而实现成长和进步。这比正式的培训项目更为重要。例如，凯瑟琳在兼并和收购方面获得了一个"徽章"，布伦达在提升客户回头率方面获得了一个"徽章"。这些"徽章"就是你的声誉和事业进阶的凭证。《领导力机器》（*The leadership Machine*）❶ 4 的合著作者迈克尔·隆巴多（Michael Lombardo）和罗伯特·艾辛格（Robert Eichinger）认为，领导能力的各个层次都有其独到之处。基础管理要求具备技术、计划和组织的能力，高层管理需要人才雇用、分工及协商的能力。你需要哪些能力来达成目标？职业教练马歇尔·古德史密斯（Marshall Goldsmith）在《魔鬼管理学：从优秀到卓越管理者的致命细节》（*What Got You Here Won't Get You There*）5 中给出了一条重要见解：若你想在职场中完成从入门到进阶，你需要赢得什么样的"徽章"来实现目标？假如你还是一头雾水，那就不断地反问自己这个问题。将横向工作调动视为一种积累更多不同经验或结交人脉的途径。据我们所知，许多成功的女性领导者都做出了许多职业转变，这也是她们快速提升实力的原因。

---

❶ 书籍名为本书翻译人员自译。——译者注

练习如何向他人表达自己的需求

你需要向信赖的人分享自己的理想和目标，并征求他们的反馈，以便能更好地表达自己的观点。不要害怕，拿出自己的勇气。在我们的培训实践中，我们发现女性更倾向于安全的而非强烈的、直接的、简洁的叙述方式。我们鼓励大家大胆一点，大方地说出"我想当领袖""我擅长组织、引导以及培养人才""我善于打造团队精神，并以此而闻名"之类的话。把"经营事业"看成"上大学"，说出你的专业、专长，并投入其中，向他人交流分享你的远景规划。

建立联系

你想要与谁交流？你希望对哪些人产生影响？谁愿意向你伸出援手？向自己提出明确的问题："这正是我要寻找的、需要的。我认为这能提高我的效率。"通过他人帮助拓宽交际圈，争取获得一份工作，或审查一份重要文件；找准时机建立战略联系，展现自己的真实个性和风格。这并非单纯地拉拢人脉，而是要找到能互利共赢的合作伙伴。假如他人如科琳娜的同事一样，不了解你的需求，又怎能为你提供相应帮助？故而，你应该明确自己所求，这样才能得人相助。

凯瑟琳在与一位许久不曾谋面的女士交流时，这位女士高兴地告诉凯瑟琳，她已经达成了成为首席运营官的目标。成功的一部分原因是：她向别人说明了自己的需求，并与能够提供帮助的人建立了联系。她表示，自己的新目标是成为某一家《财富》100强公司的首席行政官。她正在寻找一家规模庞大、体系成熟但面临棘手挑战的公司，以期充分发挥她的能力，带领公司从混乱中重新恢复秩序。她志存高远、雄心勃勃，并积极地制订战略计划以实现目标。

阻碍我们前行的故事

许多女性总是说她们之所以不能制定职业规划，是因为不能做出决定或不愿受到特定计划的束缚，并给出了许多不能明确自己职业"专长"的理由。我们在此重申：你可以随时并且很有可能会改变你的既定计划，所以你可以根据当下情形制订暂时的计划。过去，人们在职业生涯中平均会从事三种不同的工作或职业；而如今，人们更有可能在职业生涯中经历许多职业转变，这一现象还有可能持续发生变化。在当今社会中，人们常常同时兼顾几种不同的工作或职业。这样做并非三心二意，而是给自己指明前进方向，以免在职场上漂流并迷失方向。

　　我们明白，在试图兼顾人生的各个方面时，"追求得到更多"的念头会让你承受巨大的压力。我们有一位客户将自己的人生比作一座精心建造的纸牌屋。她既要养育孩子，又要照顾年迈的父母，还要经营婚姻。她艰难地维持着工作与生活的平衡，于她而言，获得晋升或扮演额外的人生角色，就好比在纸牌屋上再加上一张纸牌，很有可能让整座房子都轰然倒塌，为此她忧心忡忡。如果你也有这方面的担忧，那并不一定会妨碍你制定规划，反之，这样做能让你更有意识地寻找符合自己生活节奏的职业。

　　当我们鼓励女性有意识地考虑与职业发展相关的目标时，她们往往不能完全理解这样做的意义。她们会说：

　　"我不确定接下来该怎么做。哪里需要我，我就去哪里。"

　　"我不确定自己是否能胜任这么重要的工作。"

　　"我无法确定自己的长期目标是什么。"

　　"即使别人认为我有资格，我也不想自告奋勇。我认为自己还没有准备好。"

　　"如果我说自己想成为首席执行官，我会担心别人的看法。"

　　"我没有时间经营自己的事业。我要服务客户、照顾家庭。"

　　有时，你头脑中的声音会让你无法准确地了解自己想要什么——它萦绕在你脑中，喋喋不休，有时还试图说服你并告诉你"自己根本不够格"。如果你听信了谗言，你就会犹豫不定，不敢大干一场。不要让这些"噪声"妨碍你的进步。劳拉是一家大型咨询公司的副首席执行官，在她看来，停止自我批评是她成功的一个关键因素。

有关"冒名顶替综合征"❶的文章不胜枚举。这一概念指的是：尽管个体已具备一定的知识和技能，但仍害怕暴露自己的不足，从而被视为能力不够、冒名顶替他人的骗子。我们发现，许多女性在职业道路上举步不前，因为她们害怕吐露自己的想法，或在主动要求被委以重任时犹豫不决。除非她们对自己的能力有十足的把握，否则她们绝不会主动求职或要求晋升。也许你也面临同样的问题，这会妨碍你进一步提升、磨砺必备的临场学习能力。负责一个重大项目也许会让你感到害怕，但这不过是人之常情。带着一点恐惧情绪并不意味着你能力不足，不要让你的受限心理拖后腿。

在领导力培训中，我们发现许多女性对公司、团队或上级领导过于忠诚。在担任新角色之前，她们会过分专注于

---

❶ "冒名顶替综合征"指的是一种否定自我能力的倾向，即个体认为自己获得的客观成就并不是源于其真正的能力，而只是碰运气，从而让个体不断陷入自我怀疑。——译者注

"安排好工作交接"。尽管忠诚是一种良好的品质，但若将忠诚作为奋斗的动力，那你很可能会因为一个未完成的项目而推迟晋升，或因为无法放心地离开团队而在原地踏步。你要知道，应该在什么时候继续前进或改变现状，这一点很重要。别让安逸或忠诚成为你迎接新挑战的绊脚石。

重塑的力量：一个新的故事

还记得本章开头提到的科琳娜吗？她了解到身边的人对她的事业雄心一无所知。震惊之余，她开始反思，更加仔细地审视自己的处境，并考虑自己应如何行动。她与同行、同事、朋友以及曾经的上司分享了她对自己的认识和了解。科琳娜开始盘点自己的优势，并剖析自己能在何处运用自己的能力、发挥自己的特长。她努力让自己头脑中消极的声音安静下来，正是这些声音让她下意识地为自己的事业心感到窘迫、羞耻。

在与我们、一些同事和导师进行了富有成效的对话后，她开始思考如何制订前文提及的战略计划。要实现她的目标，她必须扩展自己的知识范围和技能库，并为不同的工作项目做出贡献以获取"徽章"。她明白，自己需要参加重要任务小组的工作，并自愿加入相关的委员会。确定方向后，她便开始马不停蹄地实施自己的计划。很快，她开始与一个重要的委员会合作，这一经历不仅让她获得了曝光，还帮助她发展了重要的人脉关系。这两方面的进展使她朝着自己的目标稳步迈进，并让她明白，应采取哪些措施以获得更多的"徽章"。渐渐地，她一改他人对自己的印象，并以高效管理企业变革、善于指导完成挑战性工作项目而闻名。随着经验的积累，她取得了更多关注，最终接受了一位重量级客户的委托，管理其名下的账户。

科琳娜认为，将注意力集中在当前的工作会吸引他人的关注，她自然就会被要求承担更多的工作。有时候情况的确如此，但为何不将自己的工作成果和自己的目标加以宣传，从而增加自己的工作机会呢？

完成工作固然重要，但若你想有效地管理自己的职业生涯，就需要制定目标，并采取行动以实现目标。寻找那些有能力帮助你的人，让他们知道你的诉求。同时努力影响他人，寻求帮助他人实现目标的方法。正如科琳娜所说："我认识很多人，但也有很多人我不太了解。我需要找到一种方法，与那些可能有能力助我一臂之力的人建立联系。"

厄休拉·伯恩斯（Ursula Burns）曾任施乐公司的首席执行官，是《财富》500强公司的首位黑人首席执行官。她撰写了一本关于自己职业生涯的书，书名为《所处环境不能决定你是谁》（*Where you are is not who you are*）❶。[6]

当谈及她获得成功的原因时，她说到，母亲教给她许多重要的道理，其中就包括："不要让世界降临到你的头上。你要走出去，让自己改变世界。"这也是我们对你的期望，制订一个计划，让自己改变世界。

教练临场指导：规避职场盲区的技巧

将自己定为优先项

规定一个固定的时间段来思考或重新评估你的目标，并大致写出你要采取的行动。在这段时间里，你可以暂时从现实世界中抽身，畅想自己的职业生涯并制定个人发展战略性倡议。我们非常赞成在日历上留出空闲时间，以此来避免时间全被其他事项抢占。你将在这段时间里，有意识地采取具

---

❶ 书籍名为本书翻译人员自译。——译者注

体的行动以促进你的职业发展。如果在日历上设置一个提醒，那你就很难跳过这一环节或让这段时间悄无声息地溜走。

制作可视化提醒

一份文件、电子表格，甚至是一个写下自己远景规划的板子，这些都是看得见、摸得着的工具，它们能提醒你设定的目标是什么，并敦促你按照计划付诸行动。你可以考虑创建一份电子表格，并大致写出经营自己事业所要采取的行动，罗列所有你打算完成的任务，并制定对应的截止日期。表格中的一栏可以写出你认为能以某种方式帮助自己完成目标的人物名字。经营事业就好比完成一个项目，都需要认真管理。因而，你可以运用职场中助你成功的策略来实现自己的职业目标。每隔一个月左右，你可以打开表格，给自己的表现打个分。

安排自己的时间

与某人相约一起喝咖啡或共进午餐时，你可以和对方谈谈自己的职业打算。让对方明白你在这次约会中有着非常明确的目的，即谈论你的职业生涯。当你的同伴知道你有具体的问题时，他们才有时间考虑能为你提供什么帮助。这也会让你们的谈话增加一个焦点，让你很难回避这个话题。

把握职业发展的罗盘

明确自己的目的地非常重要，你的事业之路很有可能充满坎坷、曲折和迂回，这时，你就要保持弹性的心态。虽然你已经制订了计划，但一定记住，即使是最好的计划也需要我们时不时地做出调整和改变。如果你发现自己不满意当前的工作，那么你要记得为了获得更理想的工作而努力，而不是直接放弃自己不想做的工作。别在犹豫不决的漩涡中沉沦。不做决定本身就是一个决定。

拓宽你的视野

总部位于旧金山的国际商学院研究了 5 年来数以千计的 360 度全面评估报告，以了解女性的领导力水平（与男性相比时）。《哈佛商业评论》（*Harvard Business Review*）的一篇文章着重指出了其研究成果，即在大多数的领导力测试中，女性的平均得分均高于男性。但有一个例外，女性在"远景规划"方面的得分较低。"远景规划"是指在环境中看到新的机遇和趋势，并制定新战略方向的能力。[7] 如果你在规划职业生涯时将"远景规划"囊括在内，那么你更有可能在人群中脱颖而出。

学会充满感激地说"不"

他人会要求你完成一些不符合你目标的任务。在这种情况下，你一定要再三思虑，对一些事情说"不"，如此才有机会完成一些符合自己职业发展战略的工作。以下是拒绝他人请求的三个规则。

第一，给自己争取考虑时间。在给出答复前，你要向对方征求考虑的时间，同时要避免使用"也许"这样的字眼，否则对方会误以为你已经勉为其难地答应了请求。

第二，回复对方邀请时要保持尊敬的态度，维持双方友好的关系。"能在这个岗位工作确实令人激动，但我想信守承诺，完成目前手头的项目和工作。谢谢你的邀请。"

第三，提供一个可能有帮助的建议——告诉他们可以考虑另外的人选或采取不同的策略。将他们介绍给其他能提供帮助的人。

我们知道，优秀的领导者往往以结果为导向，并且有着明确的目标。你也应该确定自己的目标。在实现目标的过程中，你随时可以做出调整和改变——大多数人都会这样做。一旦有了远景规划和设定的目标，你就会走上一条考虑周详的职业道路，就好比有一份完备的商业计划在指导你的项目。

要点总结：我们希望你知道

- 为你的职业生涯制定远景规划，以避免职场漂流的风险，找到自己满意的工作。
- 学习更多技能以获得理想工作。
- 评估你的优势、劣势、机遇和威胁。向他人征求关于你的工作、你想从事的行业和市场的反馈。
- 找出你需要学习的技能并付诸实践，让你的事业更上一层楼。
- 制定远期规划和短期战略目标。争取获得能帮助你实现这些目标的工作、岗位和人脉。
- 像首席执行官一样思考——为自己制订一个商业计划。
- 勇敢地向他人分享自己的远景规划和自己想要抵达的目的地。

第二章

CHAPTER 2

缺乏自我觉察

如何自我觉察

> "
>
> 这一切都是真的吗？或者这仅仅是发生在我脑子里的事？
>
> 这当然是发生在你脑子里的事，哈利。但这为什么不能是真实的呢？
>
> ——J.K. 罗琳（J.K.Rowling），
>
> 《哈利·波特与死亡圣器》
>
> （*Harry Potter and the deathly hallows*）
>
> "

隆妮（Lonni）在一家大型制造企业工作。在一次汇报工作中，面对几位领导的质疑和盘问，她始终坚持自己的立场，汇报讨论俨然变成了一场如唇枪舌剑般的意气之争。隆妮是在场唯一一位女性，她告诉凯瑟琳："整场会议都闹哄哄的，乱作一团，而我却孤立无援。我真的认为自己的观点是正确的,所以我坚持自己的立场,但没有任何人替我说话。"那天晚上回到家后她仍无法摆脱内心的焦虑,一边因为同事与她争论不休而感到恼火,一边又担心坚持己见会伤害或得罪其他人。这场会议让她心烦意乱,无法入眠。

第二天,隆妮战战兢兢地走进办公室,她感到手足无措,不知道别人看到她会有什么反应。穿过走廊时,一位同事兴高采烈地问她今天感觉如何。"不太好。"她答道。隆妮告诉他,这次会议让她心烦意乱、夜不能寐,夜里仍在反复思考会议上产生的分歧。听到这些话,同事感到很惊讶,他答道:"嘿,昨天的事并没有针对你的意思,别往心里去。我们喜欢和你共事,我们只是不太认同你提出的观点而已。"

在一次培训课中,隆妮坦诚地说到,她总是任由自己陷入过度思虑的状态。那场会议结束后,她一直思绪万千,开始在脑子里编故事。她觉得领导们不喜欢她,所有人都在针对她,并且自己永远不可能说服他人认可自己的观点。"你为什么会这么想呢?"凯瑟琳问道。随着进一步交流,隆妮发现她的恐惧源于自己的成长经历。从小到大，她的家庭总是避免讨论问题和麻烦，因此在她看来，分歧、矛盾成了危险的代名词。她脑海中的声音不断响起：若她和别人意见相左，别人就会讨厌她，或者不愿意和她共事。

领悟到这一点后，隆妮终于能重新构建自己看待冲突和分歧的方式。她发现，坚持自己的观点并据理力争并不会让她惹人生厌，于是她学会了在坚持立场观点时摒除私人感情。经过实践后，这一领悟让她能以效率更高、效果更好的方式与他人合作。

职场盲区：自我觉察的假象

自我觉察的棘手之处就在于，人们常常声称"自己更了解自己"，实则却不然。要实现自我觉察，其挑战就在于主动了解自己的行为、行事风格和个性，以及这些因素在人际交往中产生的影响。

最优秀、最高效的领导者都具备自我觉察的能力，这一论点有研究支撑。例如，组织心理学家塔莎·尤里奇（Tasha Eurich）及其团队在2018年开展的一项大规模研究表明，自我觉察有助于培养自信心和创造力，提升沟通、决策水平，建立强大的人际关系网，最终提升商业赢利能力。[1]

许多研究都得出了相同结论，但遗憾的是，据尤里奇的研究表明，具备这一能力的人百无一二。尤里奇写道[2]："虽然大部分人坚信自己具备自我觉察的能力，但在我们的研究对象中，真正符合标准的仅有 10%~15%。"这也就意味着大部分领导者会被同样的假象蒙蔽，继而下意识地回避问题，而非有意识地培养自我觉察的能力。

这就是该职场盲区的危险之处！

我们在培训中强调，实现自我觉察要领悟一点，即你的行为以及与他人互动、相处的模式可能会成为你的绊脚石。尤里奇的研究对这一方面亦有涉足。她的团队定义了两种形式的自我觉察。其一为向内指向自我，即你是否能清晰地界定自己的价值观、认识自己的行为、发现自己影响他人的途径和方式。其二为向外指向环境，即了解他人如何以同样的方式对你进行评价。在对职场女性展开数以千次的评估后，她们不断反馈了同一个问题："她们既不知道自己如何成功，也不知道自己的行事风格如何让自己失败。"

这两种自我觉察的方式相互依存，互为共生。尤里奇写到，有效的领导者是那些积极"认清自己、获得反馈、了解他人如何评价自己"的人。[3]

每个人都和隆妮一样，不断对自己进行心理暗示，如此周而复始，脑海中的声音始终喋喋不休。通常情况下，这些声音传达的信息并不符合实际。凯瑟琳的人生导师常常笑着对她说："你知道吗？我们都是疯子。而那些认为自己没疯的人才是最疯狂的。"他的建议是什么呢？那就是：找到你的独特之处、特有品质、另类个性和"疯狂"，学着驾驭自己的与众不同，而不是被其牵着鼻子走。

想要消除脑海中的声音非常困难。这些声音总是以各种方式向我们传递消极的信息："你不够优秀，不够聪明，不够有说服力，不够讨人喜欢……"以此不断向你灌输负能量。而另一个极端是，脑海中的声音又变得过分自信，让你一时得意忘形，从而忽略了自己的行为对他人带来的负面影响，让你自诩不需要他人的帮助和反馈。这些声音能阻止你取得成功，故而要更加细致地考察脑海中的声音，其重要性不言而喻。每当这样做时，你肯定会发现这些声音其实并不能反映现实。

好消息是，自我觉察无须通过理疗的方式实现，可以通过后天习得。（我们并没有否定理疗的作用，它也可能成为培养自我认知的良方妙策）。只要你怀揣好奇心、保持谦逊、乐于尝试，再凭借努力和毅力，就一定能枯木逢春，化腐朽为神奇。

自我觉察往往会激发一种深深的无力感和脆弱感，这种感受并不那么令人愉悦，正因如此，培养自我觉察的能力也变得愈加艰难。但正如《无所畏惧：颠覆你内心的脆弱》（*Daring Greatly*）、《脆弱的力量》（*The Gifts of Imperfection*）的作者布琳·布朗博士（Dr. Brené Brown）所说："脆弱听起来是事实，事实与勇气并不总是令人舒适的，但也绝不会成为你的软肋……勇敢的第一步就是大胆展现自己，让自己被看见。"[4]拥抱脆弱，才能最大限度地发挥自我觉察带来的益处，这将帮助你更清晰地看待现实，控制脑海中的负面声音，并从更有益、更高效的角度重建自我认知。

高效的领导者明白，自我觉察是改变的关键第一步。你不能改变自己看不见、不理解的东西。因而，对自己错误的想法加以分析，是让你更加连贯、高效地管理脑海中负面信息的首要步骤。当你认识到自己与他人的相处模式后，就能更好地进行修正、调整，进而增强自信心、提升影响力。

职场盲区的危险

贾伊（Jae）是我们的同事。她精明能干，深受同事和客户的青睐与尊重。但她也有不为人知的"邪恶"一面。贾伊向凯瑟琳吐露，她曾经在一次剑拔弩张的会议上，迫于压力暴露了自己"邪恶"的一面。"那是什么意思？"凯瑟琳疑惑地问道。贾伊笑了笑："你也许不知道我也有'邪恶'的一面，我称之为我'邪恶的双胞胎姐妹'。有时'邪恶'的一面会占据我的身体，说一些我永远不会说的话，做一些我永远不会做的事。"贾伊清楚，在这些时候，她的言行已脱离了自己的控制。等到后知后觉时，她才发现自己还得收拾自己造成的烂摊子。

贾伊知道，干劲十足、追求完美的品质让她树立了良好的领导者形象，但她也意识到，当自己的行为、语调、言辞过于激烈时，这些品质反而会令人心生厌恶，让她的事业止步不前。于是她下定决心改变自己的现状。她仔细观察自己的一举一动，时刻警惕自己"邪恶一面"即将爆发时身体发出的信号。当她开始紧攥双拳，或屏住呼吸、心跳加速时，她就会立刻做深呼吸，或略做休整，重新找回对自己的控制。她通过这种有意识的停顿，让自己维持理性而友善的领导者形象。

迈克尔·隆巴多（Michael Lombardo）和理查德·艾辛格（Richard Eichinger）在《职业架构发展规划师》（*Career*

Architect Development Planner）❶ 一书中大概描绘了这样一群人：他们职场失意，被称作是"阻碍自我成长的人"。[5] 那些必定会阻碍自我成长的人通常具备以下特点：

- 缺乏自我觉察。

- 缺乏好奇心。

- 对新技术、新方法、新策略持保守态度。

- 面对新的信息仍选择一成不变、故步自封。

以上便是职场失意之人所具备的特点。那些不进行自我反思、不主动寻求反馈、不尝试新方法的人，无一例外都会在事业上遭遇瓶颈，职业生涯停滞不前，工作效率低下。我们的一位学员是一家科技公司的高管，她常听到有人埋怨自己"过于苛刻"。虽然她雷厉风行、正颜厉色的管理风格让她在晋升路上一路绿灯，顺利成为企业高管，但她却不能审时度势地运用这一能力，反倒失去了对自己的主导权，让自己落了个坏名声，不禁令人唏嘘。许多同事都表示不愿与她共事，也不愿在她手下工作。"我必须想办法解决这个问题，"她对布伦达说，"我不想让别人觉得我不好对付，因此吓跑了那些优秀的人才。"

如果对自己的实力不加以控制，你就会被拒之门外。若

---

❶ 书籍名为本书翻译人员自译。——译者注

你在试图说服他人时，就像在战场上舞刀弄剑一样气势汹汹，那么你的对手就会选择防守回避，而不会对你的意见和想法持开放、接受的态度。要培养自我觉察的能力，以审视自己是否采取了最佳方式去利用自己的优势，这样才能帮助你规避学员黛德丽（Deidre）曾经掉入的陷阱。黛德丽是一名大学生运动员，凭借着严于律己、乐于竞争的精神，她一跃成为行业顶尖选手，成绩斐然，立志争夺冠军位置。争强好胜的品质让她脱颖而出，但当她敌友不分，甚至要和自己的队员竞争时，却损害了团队的利益。"我最大的优势变成了劣势。"黛德丽这样告诉布伦达。她希望寻求帮助，将自己的一部分好胜心转换成团队配合精神。

西娅（Thea）是我们的另外一位学员，她是一家房地产公司的员工。在同一周，她也向我们汇报了自己收集到的反馈。她的同事说，她在工作时老是喜欢压人一头，十分令人讨厌。我们询问了她几个关键问题，并让她进行自我反思。她意识到，自己的坏习惯其实源于自己的童年经历。她成长的家庭虽然不算贫困，但也只能算是勉强度日。她是个好学生，但她的成绩根本不值得炫耀。因此她常常缺乏安全感，觉得必须要不断强调自己"很厉害、很聪明"，才能向自己和他人证明自己不是异类。她发现，自己的行事风格和他人的负面反馈正是妨碍她取得成功的原因。因而，每当她试图给他人留下好印象、让他人看到自己的能力，却发现效果不甚如意时，西娅就会尽量克制自己想要通过与他人竞争来凸显自己的冲动。

反馈在培养自我觉察力、改变行为习惯的过程中至关重要，女性尤其需要主动获取反馈，而非仅仅关注年度总结报告。

原因为何？2021年9月《哈佛商业评论》发表的一篇文章表明，男性比女性更有可能获得反馈，因此后者在获取反馈时应更加积极主动。[6] 研究还指出，尽管男女主动征求反馈的概率相当，但女性更有可能获得空洞、笼统的答案。再者，你不仅要向上司征求反馈，同时也要主动与同事、卖家、客户以及其他股东交流，去获取他们的反馈和意见。当你与同事或上级讨论工作时，可以向他们提出问题，例如，你应该如何做，才能出色地完成工作、取得专业成就？你应该如何改变自己的行为，以改善职场上的人际关系？

明确自己的需求对女性来说尤为重要。《哈佛商业评论》上发表的另一则关于女性的自我觉察研究指出，女性主动征求反馈成功的概率更小，即使她们获得了反馈，通常也只是无济于事的泛泛而谈。[7] 该文章列出了出现这一现象的原因，其中最重要的一点是：若女性不能获得有针对性的反馈并据此调整自己的行为，那她们的发展将有可能因此受挫。所以当别人评价你"有团队精神"或你的汇报"做得很好"时，你应该继续追问，挖掘更多值得你学习、消化的内容。以下提问方式会让你获得更多有帮助的反馈：

你认为有效开展团队建设的技巧有哪些？

汇报内容中的哪一点让你印象最深刻？

谢谢你的赞扬，你认为我仍需完善的一个问题是什么？

教练临场指导

以下问题将帮助你反思自己的处境：

- 你从脑海里的声音和故事中获得了什么信息？
- 哪些信息可能会阻碍你的发展？
- 如何重新认识自己？
- 你需要创造什么样的新故事？
- 谁能向你提供反馈并帮助你提高自我觉察的能力？
- 你向他人征求反馈的频率有多高？你如何处理获取的反馈？

策略

培养自我觉察力并不容易，因为许多人认为自己能够做到自我觉察，所以并不会主动发展这一能力。其实培养自我觉察这一重要能力，就好比在没有任何工作经验的条件下试着找到工作。你需要保持谦逊，敏锐地进行观察，主动寻求反馈，这样才能真正实现自我觉察。

对自己进行 360 度评估

从领导效率的角度进行 360 度评估，最成功的领导者常常会向上级、同级、下属、董事会成员寻求重要反馈。这样做不仅能让你觉察自我，也会给他人留下你效率很高的印象。在被动接受反馈时，大多数人往往会产生一种出于本能的防御心理，这一情况在主动征求反馈时会有所减轻。行为统计学家约瑟夫·福克曼（Joseph Folkman）认为，"征求反馈的行为将你摆在一个更有利的位置，让你可以更仔细地聆听反馈，清楚阐明自己的问题，并接受他人的评价"。[8]

苏珊娜（Suzanne）每年都会和自己的几位同事、客户以及其他行业的股东进行座谈，并向他们询问具体的问题。比如，她现在应该开始做、停止做或继续做什么事情？她将座谈小组的人数保持在可控范围内，成员不多，但都深得她的信任，与她相知有素，能提供真实、有效的反馈。反馈小组的部分成员是熟面孔，（每当苏珊娜出现在他们的办公室，他们都会说"你又要问我那些问题了吗？"）但她每年都会试着再招纳一些新成员。

当我们问她有何收获时，她回答道："我想要眼观六路、耳听八方，我要认识到在别人眼中我所具备的强项，并能够博采众议，进而提高自己的效率。"我们将在第四章进一步阐述有效、实时反馈的重要性以及获取反馈的办法。

个性评估

在了解自己的行为模式及其如何影响你与他人互动、沟通时，个性评估是另一个行之有效的办法。常用的评估方法包括迈尔斯–布里格斯类型指标（MBTI）；自我优势探索（StrengthsFinder）；DISC 性格测试（旨在测量四项个性元素，分别为支配力、影响力、持久力、领悟力）；霍根测评（Hogan Personality Inventory）；九 型 人 格（Riso–Hudson Enneagram Type Indicator），以及积极认知项目（Positive–Intelligence–Program），许多个性评估测试都能从互联网上免费获得。这些方法旨在帮助你了解你的性格倾向、行为方式，使你进一步了解自己的内在人格，并助你走近他人的内心，理解他人的观点和性格倾向，从而有助于你对他人施加影响。江山易改，本性难移。正因如此，你应该更加关注自己的性格倾向，厘清自己的行为机制与模式。如果你对这种强大的内在行为机制缺乏认识，那么当你与他人互动时就会发现自己的工作效率并不尽如人意。

培养和展示自信

帮助女性培养自信是我们培训的重点，也是我们强调将提前准备和熟能生巧作为培养、提升自信的原因之一（我们将在第五章中详细阐述）。在《打破自己的规则》（*Break Your Own Rules*）❶一书中，凯瑟琳和她的合著作者列出了一份自信表现的清单。⁹自信可以通过以下肢体动作得以展现：

- 姿态：站立挺拔、身体平衡、活力充沛、从容不迫。
- 说话音量和语调：根据内容适当变化，但保持在适度范围内。避免在句子结尾用深沉或疑问语气。
- 语言风格：使用强调肯定或自我肯定的词汇、副词和短语。用词要准确、达意。

---

❶ 书籍名为本书翻译人员自译。——译者注

在培训过程中，我们看到许多才能超凡的女性都苦于找到展现自信、令人瞩目的途径。凯瑟琳记得，一位同事曾跟她分享，别人总是会对她说"要自信一点"。她问上司："这是怎么一回事？"对方答道："缺乏自信会影响你的表现，也会左右我对你的评价。"有一次，凯瑟琳正与一位学员及上司进行三方在线会议，在此期间，学员时而来回拨弄自己的头发，时而像拿着指挥棒一样挥舞手中的钢笔，显得坐立不安。凯瑟琳发私信告诉她，在这种情况下，她的举动不仅令人分心，还会让她显得很紧张和不自信。于是该学员立马停了下来，并在随后的会议中集中精力、保持镇定。当你逐渐失去自我掌控时，一定要及时反应，并努力改变这些行为。

笑出强大

对脑海中疯狂的声音和自己的受限心理付之一笑，这便是云淡风轻。每个人都有幽默的一面，我们不妨也用一笑置之的方式来对待自己的弱点。我们的同事戴安娜（Diana）十分外向、开朗，她也知道自己是个不折不扣的"话匣子"。所以有时候，话说到一半时，她就会停下来，笑着说道："嘿，我知道这个问题很严肃，作为一个性格外向的人，我的思路就是通过大声讨论来解决麻烦。"有时她也会简短地说一句：

"非常抱歉，我的外向人格又出现了。"她认识到自身的弱点，并大方地向他人展示，这一做法是卓有成效的。故而，有弱点并不代表你是弱者——你其实很强大。

打破模式

放下手头的工作或从当下的情景中抽离，能为你腾出空间，让你更加清晰地思考问题、调整自己的心态。研究表明，即使短暂的休息也能让你提高注意力，改善工作表现。[10] 在一项使用计算机应用程序来跟踪工人工作习惯的研究中，研究人员发现了一个意料之外的现象：工作效率最高的员工竟是那些休息次数最多的人。及时叫停也有助于缓和紧张的气氛。你完全可以说："我感觉自己现在很紧绷，且有些抵触情绪，这可不是高效率的表现。我们不妨先稍事休息，之后再继续交流，你意下如何？"接着进行自我反思或向他人征求反馈，看看自己在当时的情况下还能采取哪些不同的做法。

谨防双重束缚

遗憾的是，时至今日女性仍然需要和性别刻板印象做斗争，从而规避刻板印象所招致的双重束缚。"催化剂"组织（Catalyst）是一家致力于推动建立和支持女性友好工作场所的全球性非营利组织，它将女性面临的问题形象地描述为"做了就遭殃，不做就完蛋"的两难处境。[11] 例如，当女性发号施令时，人们会认可她的能力，但同时也认为她不讨人喜欢；当女性体恤下属时，人们会认为她的能力较为逊色，但却更受人欢迎。这听起来并不公平：在男性身上被视为优点的特征，在女性身上却被视为缺陷或不足。国家运输安全委员会的前副主席兼代理主席托·贝拉·丁恩–扎尔（Tho Bella Dinh–Zarr）对这一双重束缚有着深刻的体会。她曾经写道：当她在会议上插话以评价指正或重新引导对话时，人们会说她咄咄逼人、打断他人的发言；而当她的男性同事做出相同的举动时，人们则认为他"有重要的事情要说"。[12] 我们多么希望这种双重束缚不曾发生在女性身上，让她们处于如此两难的境地！但在更多女性领导者出现之前，女性必须意识到这一点，重视这一问题，并对其采取相应的策略。

阻碍我们前行的故事

认真倾听脑海中的声音。这些声音传达了什么信息？这些信息如何阻碍了你的发展？女性常常告诉我们：

"我在这里没有归属感。"

"他们总是无法理解我。"

"我还不够聪明。"

"凭什么我必须做出改变？他们应该接受我本来的模样。"

"我的标准很高。如果别人不能达到我的标准，那可不是我该操心的问题。"

不管你的事业正处于哪一阶段、现任职位有多高，这些声音都会不断地萦绕在你的脑海里。简·爱迪生·史蒂文森（Jane Edison Stevenson）及伊芙琳·奥尔（Evelyn Orr）约谈了57位女性首席执行官。[13]她们发现，其中仅有5位女性曾明确提出了成为首席执行官的目标，三分之二的受访人表示自己在获得他人反馈后才知道有机会成为首席执行官，有8人表示，她们在接到委任邀请时才意识到自己想成为首席执行官。因为她们脑海中的声音一直不断告诉她们，女性不可能成为首席执行官。

自我认知及他人评价共同塑造了自我形象，你应当多关注他人的评价。马格达莱娜（Magdalena）是一家全国性非营利组织首席执行官的有力候选人，组织中的其他工作人员及备受尊敬的同事都说，她已万事俱备，成功在即。然而她的脑海中却出现了截然相反的声音。当我们问及是什么阻碍了她前进时，她答道："恐惧，我想是恐惧。我害怕自己会失败。"她看不到别人视角下的自己，也听不到别人对她说"你已万事俱备"的话。

要对你脑海中的声音和他人评价中隐含的"假设"加以审视，这一点很重要。我们培训过的一名女性高管成功获得了申请攻读哈佛大学工商管理硕士学位的机会，而她的母亲却说："我们这种人可上不了哈佛。"但她没有让这种受限心理束缚自己，而是用实际行动证明"我一定能做到"。此后，她顺利拿下哈佛大学的学位，成为备受尊敬的行业翘楚，并为女性领导者发声。目前，她已完成多部著作，并在全国范围内发表演说。"幸好当初我没有听别人的话。"她如是说道。

一定要警惕这些声音，它们既来自你的内心，也来自外界。同时也要思考这些声音将如何造成不必要的发展阻碍。警惕这些声音的出现，训练全新的信息处理机制，这对你来说至关重要。

如果这些声音鼓励你勇敢向前，哪怕这样做让你感觉暴露了软肋，那也值得你考虑一试。

重塑的力量：一个新的故事

丽萨（Leesa）是我们合作过的有条不紊的学员之一。作为一家大型医疗机构的项目经理，她喜欢制定井然有序的工作流程，并通过文件归档来逐个执行。她有一份庞大的待办工作清单，每做完一项就划掉一项，这让她成就感满满。她也曾自嘲地说道，自己连衣服都要按照颜色分门别类地置放，烹饪调料也按字母表顺序排列。

然而在管理一项大型变革项目时，面对每次会议上提出一连串问题的同事，她发现自己渐渐失去了耐心，越来越感到沮丧、低迷，时刻被"这个怎么办"之类的问题轰炸。

丽萨感觉，同事每提出一个新问题，就好比打开了一盒装满虫子的罐头，让她麻烦不断，不能专心完成自己制定的工作任务，因而也无法实现"做完一项、划掉一项"的工作模式。她说："我总是忙着解决别人的问题，而不能专心完成自己的工作。"当凯瑟琳问丽萨，为什么同事的提问让她感觉沮丧，以及为何这种情况让她备受打击时，丽萨思考了片刻，便答道："我想，这是因为我不喜欢混乱、没有条理的事情。当被一连串的问题轰炸时，我感觉所有事情都逐渐脱离了控制。"

她又停下来，接着摇摇头说道："其实，我想我需要彻底改变自己的思考角度，并尽力克服这个问题。我知道，好问是人类的天性。我应该试着说服自己，他人提出问题或询问更多信息，仅仅是为了更快地适应变革。这其实是件好事。以往，我总是认为他们故意抵制变革，但实际上，他们也提出了极有意义的好问题。我可以选择看到他们积极配合的一面。"这一领悟让她慰藉了自己的沮丧情绪，并帮助她与同事更好地互动交流。

想一想哪些情况会降低你的工作效率，并审视脑海中的声音（即你的受限心理）。你应该如何在脑海中生成更加有效、更鼓舞人心的信息？例如，许多女性说自己内心的声音会不断告诉自己，"我不够聪明"——这难以置信，对吧？但这恰恰体现了我们脆弱的心理。

有时人类会受心理的支配，而非逻辑。在 1~10 分的范围内，你对自我觉察的评价为几分？你能辨别哪些受限心理？以下练习将帮助你训练自我觉察力，请向自己提出以下问题：

- 什么阻止了我前进？

- 要怎样做才能让自己获得提升？

- 我应该在哪些方面改变自己的做法？

- 如何才能从不同的角度来看待自己，或创造出积极而有效的心理信息？

使用下面的表格来探索问题的答案，改变阻碍你前行的心理信息。

步骤：列出两种让你感觉不适的情景。之后列出在这些情景中大脑编出的故事，并创造一个新的故事取而代之。参照表2中的案例。然后在表3中列出你自己的新故事。

表2　阻碍我们前行的案例

情景	阻碍我前行的故事	新的故事
你正处于一年一度的晋升期	我不能总是把自己的优点挂在嘴边。更好的做法是让他人发现我的优点	如果我不宣传自己，那么他人可能永远都看不到我的优点
等待帮助一名潜在客户完成项目	如果我回拨电话，那么客户会觉得我太心急	如果我回拨电话，那么客户会认为我有兴趣提供帮助

表3　阻碍我们前行的故事

情景	阻碍我前行的故事	新的故事

教练临场指导：规避职场盲区的技巧

做好准备

萨拉（Zara）是我们培训过的一名学员，她开创了一种名为"做好准备"的仪式。每天早晨，她会浏览当天的时间规划表，并思考与他人互动的方式。如果氛围变得紧张或事情的进展偏离了计划，那么她会有目的性地推演可能采取的应对方法。一天结束后，她会花几分钟时间进行"事后复盘"（after-action review）❶，以评估自己的实践和预演之间的落差。你可以在早晨通勤时或在喝第一杯咖啡时采取相同的做法，也可以在新一周工作开始前定期进行。萨拉说，每当复盘当天的工作却发现自己处理问题的效果不尽如人意时，她就知道，这是因为自己当天没有"做好准备"。

"做好准备"是一种冥想形式和具有深远意义的实践。高效地践行这一理念比你为其付出时间的长短更为重要。冥想能帮助我们聚焦于行为的"目的"，让我们能够有的放矢地影响身边的世界。

警惕压力

当你倍感压力时，不良的习惯或拉低效率的行为总是会

---

❶ 事后复盘，旨在对任何一个项目、活动、大型事件发生后进行总结，通过对过去思维和行为的回顾、反思和探究，实现能力的提升。——译者注

乘虚而入，这一现象再普遍不过了。此时，你体内"邪恶的双胞胎"开始苏醒，并试图获得掌控。正如我们的一位好友所说："不管你学了多少门语言，当锤子砸到了你的大拇指时，你都会下意识地用母语咒骂两句。"凯瑟琳的丈夫说，每当凯瑟琳感觉到压力时，就会通过整理橱柜来让自己找回自控。这种方式让她暂时放下工作，从而避免她将压力向他人发泄，造成适得其反的效果。所以当你看到或感知到压力存在时，停下来、深呼吸，然后进行自我反思、自我对话。凯瑟琳告诉自己："组织活动是我的强项，但我现在可以暂时把任务放一放。"也就是说，切勿过度发挥自己的强项，否则可能会物极必反，强项也会变弱项。做习以为常的工作也许会让你感觉良好，但这并不会解决你所面临的问题。

正念呼吸

凯瑟琳将自己在工作中面临的窘境与女儿分享后，她的女儿说："妈妈，慢慢地做个深呼吸就能解决你的大部分问题。"这是一个很好的建议。在《工作中的瑜伽智慧》（*Yoga Wisdom at Work*）❶一书中，玛伦·肖珂尔（Maren Showkeir）

---

❶ 书籍名为本书翻译人员自译。——译者注

及杰米·肖珂尔（Jamie Showkeir）指出，深呼吸有益于生理健康，加强血液循环，增加身体、大脑的含氧量，并让你从当下抽离，确定自己的内心，以此更加清晰地思考。正念呼吸"能缓解焦虑和压力，让你从激动或愤怒的情绪中平复过来"。研究表明，几次缓慢的呼吸能安抚你的神经系统，为你腾出思考的空间。如此一来，你才能展现出更良好的状态。[14]

不要点击"发送"

凡事当有度，该进时进，该退时退。情绪激动时，更要小心谨慎，不可贸然采取行动。生气时不要发邮件、发短信或任何其他文字内容——因为结果往往事与愿违。即便文字能让你发泄情绪、找回状态，也千万不要点击"发送"！对于确定吃饭地点、提前预订会议来说，发邮件是很好的沟通方式，但它绝不能用来解决棘手的问题或争端。

明确重要对话的时机

说到电子邮件和短信，如果你需要拒绝某人，那就立即拿起电话，开始沟通，态度尽可能平和友好。被人拒绝几乎总是会带来失望的情绪，因此你一定要学会共情，言语间要结合实际，语气柔和。许多人更倾向于文字形式的交流，因为这样似乎效率更高，更加便捷省事。但据我们了解，许多时候用文字沟通反而会让事件升级到不可控制的地步，因为邮件或短信很难体现说话人的语气。哪怕你文采斐然，在处理棘手问题时用文字交流也并非易事，因为文字容易产生细微偏差，对话沟通才是正解。

明确更进一步的时机

当你与一位同事相处不融洽时，你应该尝试靠近而非疏远他。你也许会倾向于疏远自己不喜欢或不信任的人，并会暗自揣测别人的想法。他人的做法也许和你如出一辙。然而，更好的处理方式应该和斯蒂芬·R. 柯维在《高效能人士的七个习惯》（*The Seven Habits of Highly Effective People*）中所写的一样："尝试了解彼此。"[15] 当你攀登事业高峰时，学会如何影响他人是一项至关重要的技能。这就要求你能够理解他人的观点，了解他人的世界观和在乎的事物。

坚持

有时你并不能得偿所愿，也无法左右他人的决策或观点。

当事情未能按照你的计划展开时，那就再试一次。要么制定不同的策略或方法，要么从头再来，把你想实现的目标整理成一份"商业案例"。这样做又有什么坏处呢？大不了再被拒绝一次，但他人会看到你坚持的品质和坚定的信念。或许事情还能因此柳暗花明，最终博得对方的认可。

培养韧性

韧性是领导者的基本素养。时至今日这一点变得尤为明显。令人失望的境遇常常会召唤"邪恶双胞胎"的出现。哪怕你没有如愿以偿地实现晋升，哪怕你的想法遭到了否定，你也无须立刻大张旗鼓地表现出受伤与失落。不要为了逞一时之快，而说出一些让你后悔的话。你可以试试"保持韧性法"。首先，深呼吸。其次，不要有明显的表情变化，尽量"绷着脸"，隐藏你在此刻经历的情绪风暴。让自己的外在表现出平静和自信，这样才更有可能保证沟通顺利进行。如果你不能做到这一点，那么可以提议推迟讨论，请求获得休息时间，或提前准备一段万能话术，以备不时之需。

布伦达记得她的一个朋友常挂在嘴边的一句话："注意，这很重要！"而我们也需要再次强调："注意，自我觉察很重要！"请将这些策略和培训要点运用起来，创造你的新故事吧。

我们正在点燃一把扫帚，为你清楚地照亮自我觉察的重要性。不要认为你已经非常了解自己，从而落入自我觉察的假象中。怎么强调这一点都不为过：提高你的自我觉察力，需要你付出终生的努力。

要点总结：我们希望你知道

- 请记住，优秀的领导者都具备自我觉察的能力，这需要通过有意识地训练来获得。

- 培养自我觉察力，并牢记你将为此付出终生的努力。尽早开始培养自我觉察力，你才能走得更快更远。

- 不要让你脑海中的声音左右你的思想。

- 投入时间进行自我反思。想一想有哪些互动交流未能按照你的设想展开，制定一个新策略。

- 让他人对你的工作习惯、行事风格以及与他人互动时的特征等方面提供反馈。

- 让自己卸下心防，保持好奇心。

- 创造一个新的故事，成为自己想要成为的人。

- 找到具体的做法，让你采取目的性更强的行动（尤其是在面临挑战时）。

第三章

CHAPTER 3

缺乏清晰的声誉
及人设构建

找到自己的王牌，分享自己的故事

> "
>
> 有意识地了解自己。
>
> ——多莉·帕顿（Dolly Parton）
>
> "

你能为他人带来什么价值？

我们相信，他人能从你身上获得两样东西：你的综合能力以及你的为人之道。你的才能造就了你的声誉，你的人设让你与众不同。女性应对自己能够创造的价值了然于胸，并且能随时坦然地、有理有据地谈起这一点。当你的人设与能力相互交织时，就能碰撞出耀眼的火花。

以下几个基本问题将助你认识自己，并且发现你在职场中与他人的不同之处。在职场中，你以什么而闻名？你想要以什么而闻名？你承担了什么工作？这份工作为何由你而非其他人来完成？你是否了解他人私下对你的评价？

最后一个问题尤为重要。如果你不了解他人的评价，那就不能影响他人对你的看法。（若你认为影响他人的看法不可能实现或无关紧要，我们可以告诉你：影响他人的看法不但能实现，而且至关重要。）

这些问题的答案所指即为职场中所谓的"个人品牌"。"品牌定位模糊"是我们的培训中普遍出现的主题之一。学员总是会说："我没有个人品牌。"但其实只要你与他人合作，就一定会获得评价，哪怕对方说的是"没人知道她到底在做什么"。

"品牌"一词有些功利色彩，因此我们更愿意结合"声誉"和"人设"这两个概念来代替"品牌"。原因如下：我们知道，女性乐于在职场中展示自己的真实个性，并坚守自己的核心理念和价值观。将声誉和人设结合在一起，即找到专长，不忘本心，坚守自我。还有一点：所有人一定会因为他的职业和（或）工作方式而为人所知。所以，你应该确保自己为人所知的能力与你的设想相符合。

声誉和人设相辅相成，互为补充，能让女性能按自己的喜好向同事展示真实的自我。这一概念强调真实，展现本我，展示实力。

在你的职业生涯中，有意识地建立、经营、提升自己的声誉和人格魅力，会加速你的事业发展。个人品牌并非一成不变，所以你应该随时注意下方的动态图，才能从中受益。图1展示了声誉和人设之间持续转化的动态关系。在经营事业时，你应该不断提升自己的综合能力，这样你的个人品牌和故事也会相应发生转变。时刻关注这一转化，这一点很重要。这意味着，在获取新技能、重塑旧思维的过程中，你要不断理解自己所经历的改变。许多受访的女性高管学员表示，拥有清晰、强大的个人品牌是一种优势，它能助你更上一层楼，为你创造更多机遇。

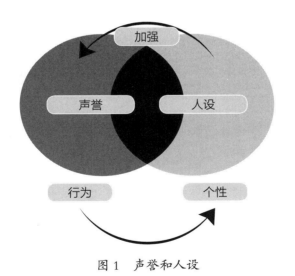

图1　声誉和人设

　　科琳（Colleen）是一家全国性咨询公司的新任经理。她有幸在职业生涯的早期就经历了"声誉和人设"的教训，懂得"提前做好充分准备、随时分享个人故事"的重要性。某一天，她提前拨通了号码，第一个接入了电话会议，然后关闭话筒，打算趁着等待的时间完成几项待办工作。没过一会儿，一位名叫保罗（Paul）的高管进入会议，并向科琳简单做了自我介绍。科琳打开麦克风，告诉保罗自己的名字。"哦，你是科琳呀！"保罗说道，"有人推荐你参加我负责的新项目。趁我们还在等待其他人入会，你何不做个自我介绍，说说你都为公司做了什么呢？"

保罗提到的项目可是个大工程，能提供丰富的学习和领导机会。科琳知道这个项目就是她的敲门砖，所以她很想争取到这个机会，此刻她恰逢其时，恰巧能向项目的负责人推荐自己。可惜的是，她没有提前准备，只好慌张地接过话头，断断续续地说了一些过去的工作经历，努力回想可能与该项目有关的工作细节。她知道自己的思路很混乱，也没有说出什么令人印象深刻的亮点。想到这里，她变得更结巴了。保罗很快打断了她，说："我听说项目管理是你的强项，我们正好需要你的特长。"

科琳心里很不是滋味。项目管理只是她的技能之一，她希望别人也能看到自己身上的其他优点。

譬如，她知道如何应对棘手的问题、如何与固执的股东打交道；她的经验之丰富，远远超出保罗的想象。但那次电话会议后，她知道自己已经损失了一个表现自己、惊艳领导、表达自己渴望加入团队的大好机会。

虽然科琳最后被指派到该项目的一个小岗位，但她仍然懊悔不已，后悔没能让保罗对自己曾经的工作表现和相关技能留下深刻印象。她发誓，自己再也不会打没有准备的仗。

在教练的指导下，她为自己准备了一份完美的"广告词"，并在不同的情境和场合下演练，直到自我感觉准备充分、信心十足。她将重点主要放在两个方面——创新思维能力以及与股东周旋的能力。她说，这种做法带来了积极的影响，改变了他人对自己的看法，并创造了新的机遇。

我们鼓励女性思考这些问题：

- 自己目前的声誉是否如自己所愿？
- 它是否反映了真实的自己？
- 它是否代表了自己的价值观？
- 它是否能帮助自己实现目标和志向？

● 它是否展现了自己最好的一面？

想清楚这些问题需要付出刻意的、专注的思考，你需要留出时间，深刻地回顾反思，才能自信、清楚地明确自己想要向世界展现的那一面。

许多学员认为，"个人品牌"听起来有些矫揉造作，与她们想要保持真实自我的愿望背道而驰。最理想的个人品牌理应建立在真实之上，我们明白这一点，它也是我们同时讨论声誉和人设的原因之一。怀着真实、炽热的本心去构建自己的声誉和人设，是让你在拥挤的人群或人才市场中脱颖而出的绝妙办法。这样做会为你带来新机遇，积累影响力。

首先，清楚地了解你重要的无形资产；其次，完成下一项至关重要的任务——制定沟通策略，主动地传递关键信息，让需要了解你的人看到真实的你。这对许多女性来说并非易事。正如营销、品牌大师斯图尔特·亨德森·布里特（Steuart Henderson Britt）所说："不通过推广营销做生意，就好比在一片漆黑里朝别人抛媚眼。你知道自己在暗送秋波，但对方却无动于衷。"[1] 这就是为什么我们投入了大量时间与精力，通过培训来帮助女性推广自己、宣传她们能创造的价值。我们已经见证了这一做法对女性刻意经营职业生涯的巨大影响。

职场盲区：不知道自己的个人品牌

"品牌"一词起源于市场营销学。许多女性都对这个词语敬而远之，因为"品牌"听起来就像是在自吹自擂，而大多数女性都不愿这样做。有太多女性认为自己优秀的工作表现是有目共睹的，足以为自己的实力正名。但这一想法本身就是一个致命的职场盲区。

女性不愿谈论自己的所作所为也许是另一种束缚。受传统社会观念的影响，女性往往会被灌输自夸"有损形象"的观念。研究表明，表现得过于自信的女性往往会因此受到责难。据一家全球技术公司收集的数据指出，自信型男性在企业中的影响力更大，而女性只有在具备"造福他人的亲社会倾向❶或动机"时流露出的自信才会被接纳。[2] 由此可见，在展露自信时，女性受到了区别对待。梅根·林德曼（Meghan Lindeman）、阿曼达·杜里克（Amanda Durik）和莫拉·杜利（Maura Dooley）对 200 多名女大学生展开调查后发现，调查对象认为"自我推销"具有消极的社会效应，因此对这一概

---

❶ 亲社会倾向，指的是行为者自觉自愿地给行为的受体带来利益，即使该行为符合社会希望但对行为者本身无明显好处。一般亲社会行为可以分为利他行为和助人行为。——译者注

念感到不适。[3]

我们在参与培训的女性身上发现了相同的情况。她们常说，公开讨论自己的成就、里程碑、有价值的工作或客户的赞赏会让她们感到心慌意乱，担心别人觉得自己是在自吹自擂，或在搞办公室政治。我们的一位学员说："我从业数年，别人早就知道我的本事，我又何必为此再费口舌呢？"然而，领导层却对我们说，企业中的员工或部门领导很少主动汇报他们目前负责的工作、产生的影响或创造的价值。领导和上级不是读心专家，认为他们能了解员工的实际工作情况不过是无稽之谈。

经过我们培训的女性都清晰地知道自己拥有出色的工作表现，但其他女性很有可能仍没有这样的感悟。

真实地表达自己的影响力，其秘诀在于了解你工作的本质，用精心准备的故事来阐述自己具备的技能、经验和成就。然后，你应该寻找机会，用谦虚而非自满、傲慢的方式来讲述自己的故事。我们看到，许多较为成功的学员都是通过这一方式取得了惊人的效果。

正如个人品牌的建立和推广营销一样，声誉和人设对推出产品或服务起着举足轻重的作用，其对职业生涯管理的重要性亦不言而喻。两者都遵循相同的原则：研究市场、找到自己的独特之处、了解受众、润色"宣传语"、培养商业敏感度、推销宣传，并从市场获得反馈以评估自己的表现。

了解自己、明确自己向外界传递的信息，能帮助你抓住机遇、乘势而上，对正确的事情说"好"，对可能会让你分心的事情说"不"，专心于自己的主要目标。做到这一点，你的声誉和人设就能帮助他人理解你的价值，以及你的追求和志向所在。

职场盲区的危险

数十年来，我们为世界各地的职业女性进行了数以千次的评估和反馈。尽管如此，我们却很少听到女性能清晰简洁地陈述自己的声誉和人设。很多职业女性往往不能定义自己的个人品牌，几乎不知道"品牌"的重要性，更别提向他人宣传个人品牌。不推广个人品牌的最大风险在于，如果你不这样做，那么他人就会自作主张来定义你的品牌。

评估报告中"声誉"和"希望建立的声誉"发生不匹配的情况时有出现。例如，艾丽娅（Aliyah）是一位新晋金融业高管，也是少数几个明确了自己"声誉和人设"的学员。当被问及这一问题时，她的反应十分迅速，并简明扼要地说出了自己的角色——解决问题的人。每当企业中的某个团队和部门遇到挑战或正值产品推出需要投入大量精力时，大家总是会找艾丽娅帮忙。尽管多年积累的口碑让她在职场上步步高升，但她仍野心勃勃、渴求改变。她的思维已实现了跃迁，她的职业目标也不再以"解决问题"为中心。她想要以更有意义、更为高效的方式做出贡献。她意识到，自己需要根据思维的变化来构建新的个人品牌，必须创造新的职业宣言，如此才能抵达理想的下一站。

站在聚光灯下，介绍自己的工作内容和创造的价值，这有助于他人更清楚地理解你的角色和能力。领导并非无所不知，他们同所有人一样都忙着完成自己的工作，你不能假设他们会四处走动，能真正看到身边员工创造的价值。如果你不能主动构建自己的声誉和人设，那么你优秀的工作表现很可能会被忽视，从而关上机遇的大门。

 教练临场指导

以下问题将帮助你反思自己的处境：

- 用哪三个词来形容你的个人品牌？
- 你认为他人私下对你的评价是什么？
- 你希望谁会需要你的帮助？目的是什么？
- 如何通过增加数据和细节使你的故事变得更有说服力？

- 你的个人品牌在社交媒体、求职网站、简历和履历中有何体现？
- 你最后一次重新审视自己的声誉和人设是什么时候？这是否反映了你目前的愿望？
- 如果你必须彻底改变自己，那你需要做什么？

策略

请想象自己是一场表演中的演员。很大程度上，你能控制自己的角色并影响观众对角色的认知。通过有选择性地、积极主动地向大众展现某些特点，明星和运动员也能成为构建个人品牌的能手。社交媒体的兴起让你能登上更多的"舞台"、迎接更多的机遇，以强化你的个人品牌并在办公室之外施加你的影响力。追求真实是成功构建人设的关键。正如大卫·麦克纳利（David McNally）和卡尔·斯匹克（Karl Speak）在《打造个人品牌》（*Be Your Own Brand*）❶一书中所写的那样："你的个人品牌指的是，除你之外的他人对你持有的看法

---

❶ 书籍名为本书翻译人员自译。——译者注

或情感。"[4]

娜奥米（Naomi）是一家大型咨询公司的新晋经理。她的评估反馈报告涵盖的都是一些屡见不鲜的主题。尽管她的人缘很好，但其他人并不能准确说出她做了什么工作，或者她为企业带来了什么价值——这是一个典型的个人品牌问题。她必须要找到自己的专长，建立口碑。这也是她后来努力的重点。

和许多人一样，对于一些不经意的问题，娜奥米曾经总是习惯于抛出肤浅的答案。譬如说，当被问到"最近怎么样"时，她的标准回答就是："我忙得不可开交。你呢？"娜奥米意识到自己错失了许多充分展现才能的机会，因此也不能宣传自己的声誉和人设。她想要采取一些不一样的应答方式，以阐明自己的角色或让他人了解自己的价值观。于是她将自己的答案简明扼要地概括为几个要点，具体地阐述自己"忙得不可开交"的原因，以及自己支持团队和公司的方式。她重新制定了自己的标准答案，并进行了充足的练习，让自己的回答显得更自然、真实、有说服力。

有一天，在会议正式开始前的几分钟，她与一位重要合伙人攀谈了几句。合伙人问她："最近怎么样？"娜奥米给出了完美的答案。她说："最近我一直在跟进一位来自科技领域的客户，他刚刚与我们签署了一份价值200万美元的合同，下周就能基本敲定项目负责团队。你最近的工作情况如何？"会议结束后，那位合伙人仍饶有兴致地和娜奥米交流，并进一步了解了娜奥米的工作近况。由此可见，这个方法就是如此简单、快速、有效。

以下是我们建议学员采取的策略，以构建她们的声誉和人设。

进行盘点

盘点你的专长或利基❶、你的成就、你的才能，以及你的调性、特点、独特的天赋和你的热情所在。

● **你的专长**，就是你的利基。一定要列出你所有的专业

---

❶ 利基：商业术语，指针对企业的优势细分出来的市场，市场不大且没有得到令人满意的服务，即小众市场。——编者注

头衔、资历、认证、出版作品和奖项。

- **你的成就**，能吸引雇主和客户，谈论你的成就有助于他人明白你如何能融入团队或企业。你主要的成就有哪些？你最自豪的成就是什么？

- **你的才能**，找到让你脱颖而出的独特能力。想一想朋友、同事是如何称赞你的。你喜欢做什么？比如，你擅长项目管理或远景规划，或者擅长缓和紧张气氛，解决棘手问题。

- **你的调性**，指你向他人展现才能、特长和成就的方式。环境、成长经历的影响和后天的努力，共同造就了你的调性。我们的一位同事非常外向，她热情待人的风格已经成为她声誉和人设的一部分，这也是她提高工作效率的关键要素。

- **你的热情**，能激励你做最好的自己。哪些工作让你感到精力充沛、勇往直前？在什么环境中，你会更加投入专注、热情高涨、自信满满？

卡莉（Carly）是参与培训项目的一位高级经理，她最近开始在一个新团队中任职，所以想尽快起步、创造自己的新故事。她告诉我们，她不知该如何理解自己的过去，又该如何向他人谈及自己的经历，并将其运用到当下的工作。她如何才能简单明了地将自己塑造成强硬领导者的角色？团队需要真正了解她哪些方面的信息？她应该和谁接触，并向对方传递什么信息？

她完成了一项名为"信息三角"的练习，以帮助她确定自己的成就、才能、专长／利基以及热情所在。接着，卡莉引入了真实案例和故事（见图2）。她将自己的答案整理成一个"信息三角"，让她的故事变得更加形象、直观。这一练习基于公共关系

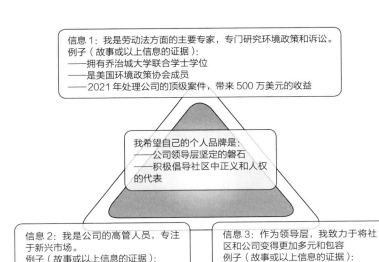

信息1：我是劳动法方面的主要专家，专门研究环境政策和诉讼。
例子（故事或以上信息的证据）：
——拥有乔治城大学联合学士学位
——是美国环境政策协会成员
——2021年处理公司的顶级案件，带来500万美元的收益

我希望自己的个人品牌是：
——公司领导层坚定的磐石
——积极倡导社区中正义和人权的代表

信息2：我是公司的高管人员，专注于新兴市场。
例子（故事或以上信息的证据）：
——组建并领导了团队以评估拉丁美洲市场的规模和机遇
——为下一年制订业务发展计划

信息3：作为领导层，我致力于将社区和公司变得更加多元和包容
例子（故事或以上信息的证据）：
——从乔治敦大学的行政领导课程获得证书
——是公司的第一个环境实践顾问
——是当地社区团体的成员

图 2　信息三角示例

的概念，将要点与案例结合，信息指向明确，一目了然。这一练习不仅适用于企业、各类组织及品牌，也适用于个人。请参考卡莉的例子，尝试完成自己的练习。

"D"字三步走：定义、设计和展示（Define, Design and Demonstrate）

完成"信息三角"练习后，你可以根据以下三个关键词来帮助自己进一步润色、打磨你的个人品牌。

- **定义**。回顾以前的反馈或绩效评估。邀请第三方代表，你与他人进行访谈并获得反馈，这可以帮助你判断他人与你的互动以及对你的评价，是否符合你的自我认知和职业目标。询问你信任的伙伴："人们听到我的名字时会想到什么？""我在这个行业的个人品牌是什么么？""人们在私下会如何评价我？"思考一下，你想让自己以什么成就而闻名？你如何描述最佳状态的自己？

- **设计**。经过调研后，接下来就到了设计的阶段。从你收集到的反馈中列举出高频词语或短语，并反思你想如何构建自己的品牌。你是否具备或拥有想要打造的专长或利基？他人对你的看法与你试图营造的人设之间是否存在差距？你应该如何弥补这一差距？当你与他人相处合作后，你希望对方获取哪几条关键信息？

- **展示。** 阐明或重新定义个人品牌后，接下来应该付出实际行动。你应该采用更有说服力的方式以清楚地展示你的工作细节。——列举出你可以讨论或构建自己声誉和人设的机会。

我们会在培训中带领学员深入理解"品牌响亮"的强大力量。我们让学员站起来、闭上眼，想象自己正在选购一双鞋，做好决定后就能坐回位置。仅在五秒之内，所有学员全部就座，并且每一次皆是如此迅速。当问及她们选择的品牌以及选择该品牌的原因时，我们也得到了五花八门的答案。偏好舒适的人，选择可汗牌（Cole Haan）；追求时尚的人，选择吉米周牌（Jimmy Choo）；强调性能的人，选择耐克牌（Nike）。为满足自己的各式需求和标准，她们对各种品牌的调性了如指掌。这便是关键所在。当需求出现时，品牌的名字会经过多长时间出现在你的脑海？

职场上的人才选拔亦是如此迅速。当需求或机遇出现时，领导的脑海里常常会浮现一个候选人的名字，这就是声誉资本的力量。有了声誉的加持，他人在做出选择时，才更有可能想起你的名字。

找到定义你的三个词语

培训过程中，我们展示了一些名人的幻灯片，要求学员说出她们的名字，并用两到三个词语来描述她们的品质。以下为培训时给出的部分答案：

奥普拉·温弗瑞（Oprah Winfrey）：聪明、勇敢、真实

嘎嘎小姐（Lady Gaga）：才华横溢、古灵精怪、多才多艺

塞莲娜·威廉姆斯（Serena Williams）：冠军、王者、拼命三娘

接着我们让学员思考：当屏幕上出现她自己的照片时，同事和她的支持者会用什么词语来形容？更重要的是，她自己希望同事会说出什么样的词语？总而言之，一份强有力的个人品牌宣言能更清楚地展示自己的价值观、技能、才华、成就、工作重点和人格品性，让你突破重围、脱颖而出。

写下你的自我介绍

让女性思考声誉的另一种方式是要求她们做一个两分钟的自我介绍，让听众大致了解她们的角色和取得的成就。

在一次培训中，30 多岁的工程师比阿特丽斯（Beatriz）

向小组做了自我介绍，她说自己师出名校，这不禁让我们眼前一亮。接下来，她聊了自己的求职经历，简要带过了自己的工作内容以及在该企业工作的时间。之后，我们在向她提问时发现，比阿特丽斯擅长的领域专而精，全国上下掌握相同专长的人寥寥无几。她的专长令人印象深刻，但在我们敦促她分享之前，她甚至一直对此闭口不提。

许多参与培训的女性都有着"埋头苦干"的精神。当有的学员聊到自己职业的各个方面时，她们总是会忘记提起自己的法律学位、博士学位、技能证书或曾经获得的某个重量级奖项。不要等着他人变成调查员或记者，来发掘你个人经历中最棒、最真实的片段，试着不要贬低自己的成绩。你可能觉得谈论自己的成就会让你显得骄傲自大，但你也不能因此刻意隐瞒自己的成就。

用日志记录你的成就

定期用书面形式包括电脑日志记录你的成就，不失为一种构建声誉和人设的好办法。最重要的不是你记录的方式，而是要时刻关注、记录、完善自己的成就日志，这就好比你需要定期给花园浇水，才能让植物茁壮成长一样。

当你在某个项目中取得了里程碑式的成就、获得了证书认证、发表了一篇文章、组织了一场论坛或一个同行交流小组、在委员会任职或在会议上发表演说时，这些成就都可以被一一记录在档。你可以将同事、经理或客户对你的称赞复制存档为备忘录。当你为自己的成就感到自豪（比如帮助公司节约经费、为棘手问题提出创造性解决方法）时，可以将细节记录下来。翔实地记录过程中发生的趣闻逸事，丰富你的日志内容、增强说服力。

保持定期记录，一周一次或一月一次，这样可以让你随时跟进自己的声誉和人设构建。这样做还有额外的好处：为你的年度绩效评估提供优质素材。要不断反思、回顾自己想要塑造的人设、制定宣传个人品牌的策略。

第一步：思考并记录你的主要成就。在日历中，每月安排一到两次记录你的成就，可以考虑采取日志的形式来记录。

第二步：间隔一段时间后，如两个星期或几个月后，回顾你记录的成就。在反思工作或社区中的项目、重大贡献时，你可以试着回答以下问题：

- 我面临了哪些挑战？

- 我处理问题的方式有什么创新之处？

- 我提出了哪些创新性解决方案或协助处理了哪些突发情况？

- 我采取了什么行动？

- 结果如何？

- 我对自己重要的支持者施加了什么影响？

用一点时间，以直观、生动的方式描述自己的成果，并利用相关数据进行区分。

第三步：回顾过去，寻找可遵循的规律，并将其运用到你的品牌构建中。对自己的清醒认知可以带来期望，清晰地展示你的价值观、技巧、才能、个性和目标，并让他人了解你的角色和超群出众之处。

- **了解你的个性**。高效的领导者从未停止了解自己的个性、个性带来的优势，以及个性是如何让他们与众不同的。我们曾辅导过一名女性，她在公司中任首席战略官，性格含蓄内敛。据她的评估反馈显示，她常以沉静自若、善于思考、寻幽入微、研精覃思而闻名在外。这不仅是她个性的一部分，也是她构建个人品牌的基石，现任首席执行官更是将她视为接手工作的不二人选。她的能力、资历和个性强强联合，为她打开了新的大门。

- **大胆展示你的声誉和人设**。用下列类似的句子来回答问题或展开对话：

"这个机会真是千载难逢，我可以做自己喜欢的事，也能和志同道合的优秀同事合作。"

"我找到了一个为公司节约开支的好方法，感到激动万分。"

"我在负责这个项目时遇到了寻找合适资源的挑战，但我最终找到了解决方法……"

- **有意地使用人称代词"我"。**女性常常说"我们"，在某些场合下确实应该如此，但请记住，在阐述你的声誉和人设时，你才是话题的中心。你可以寻找场合、听众或在日常对话中分享你的故事。就着一杯咖啡，你可以与一位同事或经理侃侃而谈，或者在会议上介绍自己的经历，又或者在社交活动中享受快乐时光时聊聊自己。你需要谈论三到四个重点，或提前准备好故事，重点介绍自己工作的各个方面，以强化你的个人品牌。

阻碍我们前行的故事

女性往往认为声誉和人设，指的是凭借自己的工作而获取知名度。声誉和人设的确涵盖了这一点，但在我们看来，它有着更为深远、丰富的含义。构建声誉和人设，指的是充分利用取得的所有成就，扩大知名度，增加影响力。

受限心理有可能让你以上的努力付之一炬。

"既然大家都知道我的工作，那我为什么要去谈论它？"

"我可不想往自己脸上贴金。"

"我注重团队精神，不想把成功完成项目的功劳都揽在我身上。"

"只要我工作表现好，自然会得到他人的关注。"

"我就是我，我不想假装，不想改变，也不愿意立人设。"

"我不喜欢政治作秀，所以我不想四处推销、宣传自己。"

"大家都看得到我的工作成果，这就能说明一切。"

"谈论自己的成就是自私的、令人厌恶的行为。"

我们说服女性认识到声誉和人设的价值后，她们的下一句话往往会说："谁有时间做这个？"这种想法并不利于你的职业发展。

　　艾丽希娅（Alicia）在一家工程公司工作超过 15 年，并在 40 多岁时晋升至公司领导层。她的事业似乎处于稳步上升阶段，形势大好。她兢兢业业，与客户建立了稳定的合作关系，并保持着可观的收入。

　　她的热情之一是指导年轻人才。艾丽希娅乐于帮助女性取得进步，她深知，扶持女性也逐渐成为公司近年来的重要倡议。因此，她设立了多个论坛，让女性加入同辈群体，每季度组织一次早餐会，让公司中的女性员工互相了解、建立联系。

当她得知自己有晋升机会,可以在自己擅长的行业领域独当一面时,艾丽希娅心想,自己的努力终于得到了回报,尤其是她在帮助公司扩大规模、吸引多元化人才方面的付出,这也与公司的目标设定相契合。除此之外,她与领导层大都保持着良好的关系。在提交升职申请时,艾丽希娅感觉已经胜券在握。

事实上,这个职位最终确实由一位女性担任,但这个人并不是艾丽希娅。公司从外部聘请了一名女性,她以在业界的人脉和在社区中支持职业女性而闻名。公司要求这位新员工带领公司,为吸引、保留和提升职业女性而付出努力。

艾丽希娅感觉倍受打击。在应对自己的失落情绪之余,她下定决心,一定要找出自己落选的原因。她向信赖的人征求反馈,发现自己的口碑非常不错。在他人眼里,她具备出色的重点客户管理的能力,绩效表现强劲。但问题在于,尽管大部分人都知道她创建、维护了职场女性交流小组,但她并未将这一行为带来的变革、价值和益处,有策略性地、开诚布公地说出来。她淡然自若,没有主动讲述自己的故事，因为她认为，自己的工作成果就能说明一切。毕竟，她创建了论坛，出席了每一场活动，在鼓励成员加强联络、介绍自己方面取得了不错的效果。但没有人认为这是艾丽希娅的功劳。这种认为"成果会说明一切"的想法，反倒在无意间弱化了他人对自己付出努力的认可。

此后，艾丽希娅开始有意识地经营自己的声誉和人设，专注于宣传自我价值和取得的成就。通过教练的培训，并从赖以信任的同事那里获得反馈，她精心设计了自己的"广告词"，以真实、谦逊的方式展示自己的成就。她大方说出了自己帮助职业女性成长的志向和已经取得的成就，以确保领导层能看到她的工作成果。18个月后，她成功晋升至领导层。

重塑的力量：一个新的故事

许多女性都很重视在工作中保留自己真实的一面。她们完成工作的方式几乎与她们计划达成的目标密不可分。这也展示了她们真实的一面——通过实际经验形成的风格、方法及思维角度，这也是声誉和人设重要的组成部分。

玛丽娜（Marina）是一位经验丰富的工程师，她带领一支队伍，负责在加利福尼亚州的一个大城市中修建高速公路。她意识到，有几位重要领导需要进一步了解她和她的工作。然后，在2020年新冠疫情开始后，她不能再和这些领导人进行面对面交流。当时她犹豫不决，因为脑海中的声音对她说，领导和相关同事"理应了解我的工作状况。我在这个领域待得够久了"。

参加培训后，她决定让脑海中的声音安静下来，并试试其他的方法。玛丽娜的工作为公司、城市创造了价值，是时候从强有力的角度来分享自己里程碑式的成就了。

在一位客户发来电子邮件称赞她和团队的出色工作后，她将邮件与几位团队成员分享，决定继续保持宣传势头。玛丽娜将这封表扬信转发给三位领导，并写道：

"鲍勃（Bob）、萨拉（Sara）和吉尔（Gil）：

这一年里，我带领一个工程师团队，负责城市交通建设项目。城市交通规划是我主要关注的领域，期待能很快与你们分享更多与工程相关的信息。同时，我想大家可能会对其中一位客户对我们的评价感到欣慰。客户方对投资 200 万美元竣工的第一期工程感到非常满意。当然，我也将客户的邮件与我的团队进行了分享。他们都是我为该项目召集的优秀工程师。如有任何问题，请告诉我。作为项目负责人，我希望确保你们能了解工程进展，以及该工程为公司带来的价值！"

按下发送键后，玛丽娜终于悠闲地坐下来，感到些许轻松和自豪。她和鲍勃、萨拉、吉尔曾经一起喝过咖啡，当时这些话令她如鲠在喉，也许永远都说不出口。但如今，她终于做到了。她主要说明的重点为：我有专业知识和技能，我有很好的客户，我在管理一项价值几百万美元的项目。我召集了团队，客户满意我和团队的工作成果。

她认为对她来说，这才是更有效果的个人品牌。她的言辞恳切、真实，话语间热情洋溢、恰如其分——她没有自吹自擂，而是直接陈述事实。她也没有将功劳全都揽在自己头上。玛丽娜感觉充满自信，并通过分享自己的具体成就和工作创造的价值而感到心满意足。

更加令人欣慰的是，领导回应了玛丽娜的电子邮件。鲍勃在邮件主题栏里大写了"谢谢"，并询问能否进行通话以了解该项目和她工作的更多内容。
萨拉也发送了致谢函，并写道："我很高兴你给我
发了这封邮件，下周我将和市政府人员蒂姆（Tim）
通话，他肯定会谈到这个项目。现在我知道咱们的
项目进展了！"吉尔那时还并不认识玛丽娜，但她
同样回信表示了感谢。玛丽娜将这些话都记录在自
己刚刚创建的"成就日志"上，并打算随时更新
内容。

一个简单的举动、一份提前准备的且真实的"广告词"、
合适的观众，这些因素完美结合在一起，就构成了你的口碑
和个性，造就了你的声誉和人设。

清楚地了解你的角色、你关心在意的东西，以及你完成
工作的方式。

告诉人们你能做好想要做的事情，以获得更多你立志得
到的工作机会。

主动定义你的品牌，将他人以你不喜欢的方式来定义你
的品牌的风险降到最低。

分享你的成功和机遇。你的上级和同事都很忙，他们不
可能全知全能，做到对你的工作状况和你创造的价值了如
指掌。

除了你正在从事的工作，你还会不断迎来更多的角色。有目的性地管理这一转化过程可以提升你的工作表现、精力状态，让你树立更远大的志向和目标。在珍妮（Jeanne）的职业生涯初期，她将精力专注在工作本身、专业技术以及赢得职业名声等方面。由于她从事的是由男性主导的科技行业，珍妮认为自己需要采取与男性同事相似的行为模式，同时工作环境也进一步凸显了她强势的工作风格。但她认为，这并不能准确地展现自己真实的一面。

珍妮告诉我们，在教练的指导下，她终于将名声和人设结合起来，而这改变了一切。在了解了想要构建的声誉和人设之后，她得以清楚地展现真实的自己，明确自己想要实现的职业成就，并更好地利用自己的风格。作为一名女性领导者，她感觉自己终于能忠于内心，放下了男性主导文化中对自己的期望。她希望自己在 30 年前就能领悟到这一点。

当你明确了自己的声誉和人设时，你的同事、客户和其他人才能更好地了解你创造的最高价值，并知道如何为你代言。如果其他人对你的故事一无所知，那么当你想要拿下项目、晋升机会和工作任务时，你与他人竞争匹敌的机会会很渺茫，正如艾丽希娅和科琳的惨痛教训一样。

品牌专家琳达·雪铁龙（Lida Citroën）在《操纵舆论》

（*Control the Narrative*）❶一书中很好地做出了总结："每个人都有自己的品牌，或刻意设计，或任其发展。"⁵我们强烈建议你设计自己的品牌，并不断思考出更有效的自我推销方式。

教练临场指导：规避职场盲区的技巧

营造热度

通过访谈为女性学员获取反馈时，我们常常会问："她最近有什么热点消息？"在进行信息三角练习时，引入例子、故事以及在各个场合中发生的非正式对话，以进一步加强你的声誉和人设。让他人思考、谈论、分享你的故事，通过这些对话，让他人看到你认为最为重要的自身特点。

了解你的听众

列出需要了解你的人的清单——股东、决策者、董事会成员、重要人物等。这份清单不必很长，精简便可。定期记录你和他们最后一次交流的内容细节。你是否在谈话结束后

---

❶ 书籍名为本书翻译人员自译。——译者注

持续与对方汇报进展？下一次交流是什么时候？你应该花时间去准备、理解他们领域的相关信息。

将你的个性视为声誉的一部分

我们的一位学员是位企业领袖，她十分友好、和气，经常有人劝她要强势一些。几年前，她做了一个决定，将自己善良的品质融入她的决策过程和沟通方式中，尤其是当她不得不公布某些坏消息的时候。她不断练习如何在对话中传递善意，尽管有时她不得不做出艰难的决定。这一做法极大促进了她声誉和人设的构建，并将她与其他领导者区分开来。你的哪些个性能成为你声誉和人设的一部分呢？

将现实与网络展示的声誉和人设调整一致

根据凯业必达公司 2018 年的调查显示，70% 的雇主会使用社交媒体来甄选潜在员工，43% 的雇主会使用社交媒体来审查现有员工。[6]员工的声誉能决定他是否可以获得内部晋升。我们建议对你使用的所有媒体平台进行盘点（包括社交账号以及专业程度更高的平台，如领英网）。你传达的信息是否与设想相一致？审查你的履历，并写一份简略的自我介绍，总结所有你想要传达的信息。在我们的培训过程中，女性常常把这些视为"可怕的家务活"。是时候转变这一想法了。花时间构建自己的声誉和人设就是对你事业的投资。

使用人称代词"我"而非"我们"

把功劳归功于团队的做法很好，但帮助他人理解你在其中扮演的角色也十分重要。你要练习如何让自己脱颖而出，例如"我负责组建了项目团队，并指导团队成员工作的大致方向"。站在聚光灯下，让他人了解你的为人、看到你的能力和你想要实现的成就。

准备自我革新

市场、公司和行业的战略目标在不断变化，你的资历、风格和志向也理应改变。监控市场的发展趋势，并在机遇出现时随时做好转变的准备，让你的声誉和人设与时俱进。2008 年的国际金融危机后，一位学员重新凭借着她在银行技术方面的能力，成为资产管理行业的首要顾问。所以持续性地、刻意地构建你的声誉和人设，能重塑你的思维、转变你的风格，让你重新制定目标、重新投入新行业。完成自我革新后，你可以重新包装你的个人宣言、选择合适的观众，让他们了解你的工作。

你一定要有个人品牌。弄清楚你的品牌是什么，它是否符合你的设想。采用这些策略来保持你对声誉和人设的敏感度，与时俱进，刻意地构建自己的声誉和人设。正如我们的一位学员常说的一样："快找到能让自己扬名立万的特点！"此刻，请拿起扫帚，点燃火焰，开始挥舞。

要点总结：我们希望你知道

- 声誉和人设融合了你所做的工作和你的为人之道。

- 构建你的声誉和人设至关重要。如果你不这样做，那么人们可能会以你不喜欢的方式来为给你扣帽子。

- 知道你的声誉和人设还远远不够，要制定有效的沟通策略，突出宣传你取得的成就。

- 寻找机会与他人分享你的成就、让你兴奋的事或你的职业目标。

- 构建声誉和人设有助于你获得决策者和重要人物的关注。

第四章

CHAPTER 4

缺乏自主导航
职业生涯的意识

安装一个职业 GPS[1]

> 只要我愿意倾听，任何事物都能为我提供反馈。
>
> ——莎朗·韦尔（Sharon Weil），作家及电影制片人

若缺乏正确、实时的指导，你就得付出超出常人的努力，才能找到自己的路。虽然在职场之路上漫游并非意味着失去方向，但对于那些目标明确的人来说，这并不是抵达目的地最为有效的方式。

如今 GPS 系统已相当可靠，当你走错方向、遇到前方路况拥堵时，GPS 能立即向你发出警报。你能实时获取前方路障的提醒，让你得以通过迅速调整路径来抵达目的地。如果在佩吉挥舞着火的扫帚的故事中，火车上配备了功能完好的

---

[1] 全球卫星定位系统。——编者注

GPS 系统，那么列车长完全可以预知前方弯道的危险，于是佩吉的英雄事迹也就成了无用之举。

找寻职业生涯之路亦是如此。我们在第一章讨论了远景规划和制定策略以抵达理想目的地的重要性。要想成功抵达目的地，你需要不断获取实时指引，将走弯路、迷路的风险降到最低。你需要开发一个系统为你提供备选路线，或在你走错了方向时提醒你掉头。你需要获取正确的信息，来指导你的职业生涯。

在前行路上，若没有这样的系统，你就会因缺乏可靠的信息来源而无法了解自己的进度及他人对你的看法，这会为你的职业发展带来不利影响。因此我们一直在强调主动获取反馈、建议和培训的重要性，它们可以帮助你引导方向或纠正你的错误。这一支持系统会增强你内在的方向感，并在必要时为你指出不同的路径或方向。

莉迪亚（Lydia）在一家制造公司担任高级经理。布伦达向她递交反馈报告时，她略显茫然和沮丧。这份报告根据我们对莉迪亚的同事、经理和同行的访谈以及问卷调查的回答得出。在所有培训课程中，莉迪亚都告诉布伦达自己想要在管理层继续晋升的决心。她笑着说，自己必须实现这个目标，因为"我有三个孩子要上大学，所以晋升对我来说非常重要"。

莉迪亚个性鲜明、性格友善、知情识趣，周围人普遍对她评价良好。她的团队成员和其他人都很尊敬她，认为她很能干、很勤奋、很好相处。但问题是什么呢？在布伦达收集的资料中反复出现了一个主题：人们认为她作为领导，还"不够强硬"，不能胜任更重要的管理工作。她的同事认为她很难提供棘手的负面反馈或做出艰难的决策。

起初，莉迪亚并不能接受这一观点。"什么？"她带着怀疑、防御的语气说道，"这不是真的。我为人很强硬！"她指出自己重新组建了团队，并做出了艰难的决定，将表现欠佳的员工请离了团队。"必要时我也能强硬起来。事实上，我已经把一位直属部下列入绩效改进计划❶中了！"

公司的企业文化要求高级领导者展现出强势、坚定的品质，以及实现公司目标的决心。对想要在

---

❶ 绩效改进计划，简称 PIP，指管理者根据员工有待发展、提高的方面，制订的在一定时期内完成关于工作绩效和工作能力改进与提高的系统计划。——译者注

管理层步步进阶的人来说，"强硬"是个不可或缺的特点。为了晋升，莉迪亚需要建立人设，成为能够对下属设定高期望值、敦促员工提高绩效、壮大公司业务的人。

虽然莉迪亚认为自己具备这些特点，但从反馈报告中可以看出，其他人并不这样认为。这一认知差距造成了两难的局面。尽管莉迪亚不同意他人的观点，但布伦达指出，他人的看法代表着他人眼中的既定现实，也是莉迪亚必须要解决的问题。

职场盲区：在缺乏正确引导的情况下开展职业生涯

接受、消化、整合良好的反馈，让其服务于你的职业生涯发展，往往是成功的事业管理中最容易被忽略的一点，也是显而易见的职场盲区，这会让女性错过调整职业路线的最佳时机。

缺乏连贯、持续的反馈是个大问题，大多数员工仅仅从年度绩效评估中获得反馈。我们也常常听到学员说，她们不确定自己在职业生涯中所处的位置，也不知道别人对自己的看法。

相比男性，女性获取反馈的难度要大得多，女性更有可能获取的是一些可操作性、有效性较差的反馈。调查显示："职业女性获取职业发展方面的反馈往往侧重于工作执行而非远景规划，需要应对而非利用办公室'政治'，强调合作而非独当一面。反馈常常将缺乏自信视为一种缺陷，而非一种可以培养的特殊技能。"[1]

领导力和企业多元化专家埃琳娜·多尔多（Elena Doldor）、玛德琳·怀亚特（Madeleine Wyatt）以及乔·西尔维斯特（Jo Silvester）认为，我们的目标不是把女人当作男人一样看待，而是鼓励领导者将传统上视为最佳的男性、女性特质结合起来，运用到个人的领导方式及实践中，为管理者提供建议，让他们给出更有影响力的反馈，让女性获取能够指导她们采取行动的反馈。[2] 例如，你可以提问或陈述以下句子：

你知道我的领导风格，那么你认为我应该如何应对这个由我主导且非常有挑战性的项目呢？

我想请你分享一下，应该如何与股东交涉关于新产品推出的事宜。

我想告诉你我的领导力目标，希望你能给出反馈，告诉我，谁或什么东西能帮助我实现目标。

专家们认为，"缺乏有意义的反馈"的解决方法在于，有意识地建立反馈机制，以指引你实现职业目标，让你认真经营事业的形象更加深入人心。

这也是为什么我们会对学员进行 360 度全方位采访的原因。根据我们的研究和长期积累的经验得知，女性经常缺乏有效的反馈来源。在数以千计的反馈评估报告中，我们发现每个人都存在盲区，这已成为既定事实。反馈揭露了他人的观点和看法，只有收到反馈才能让女性学员有能力应对和处理他人的看法。

主动向他人征求反馈和建议能让你更好地理解他人对你的看法，继而找到个人成长的机会。如果你这样做，就好比为自己定制了一个职业 GPS。作家兼教师西尔维娅·布尔斯坦（Sylvia Boorstein）就谈到，当她偏离路线时，GPS 就会轻柔地为她指引方向。"如果我犯了错，GPS 就会说'重新计算路径'"，警醒她需要做出改变。[3] 这就是实时反馈在职场上的作用。

女性因为各种职场盲区而偏离职业轨道、停滞不前或脱离职业道路的情况时有发生，所以认识到他人对你的看法是另一种提升实力的方式。若你愿意反思得到的信息或建议，并将其整合到自己的职业发展中，"重新计算"就会成为你事业成功之路上不可多得的财富。开发、维护你的职业 GPS 能让你迅速走上一条更加高效的职业之路。

职场盲区的危险

当你感觉迷失了方向，或者不知道如何抵达自己的目的地时，符合逻辑的做法是什么？那就是向熟悉地形和街道环境的人询问方向。经验丰富且具有专业知识的人甚至能帮助你找到一条捷径。

如果不这样做，也许会带来真实的危险。虽然你最终仍然能抵达目的地，但你将为此浪费更多的时间和精力。这就好比一辆困在沙漠中的汽车——车轮不停转动，但仍然滞留在原地。最糟糕的情况就是，你可能发现自己已经完全失去方向，正向着悬崖驶去。这一情况就曾经发生在纽约一家大型投行公司的两位女性高管的身上。

两名女性加入高级管理层，这对一家历来由男性主导的大型著名投资公司来说，无疑是一个开创性的、令人鼓舞的时刻。经过多年的职场耕耘，她们步步进阶、一路晋升。提拔这两名女性高管也被誉为企业文化的重大变革。但大约一年后，这两名女性高管相继离开公司。其中一名公司高管知道，这两名女性都是以目标为驱动的成功人士，他也意识到解雇她们的做法存在问题。到底发生了什么？于是他聘请了凯瑟琳进行分析。

在几周时间内，凯瑟琳对公司员工进行访谈、收集信息，以了解为何精明能干、工作勤奋的女性不能在她们常常取得成功的行业中如愿以偿。人们普遍认为这两名女性都十分优秀，所有人对她们的上任都感到激动和期待。但有几个受访人表示，这两名女性已经开始犯错或"搞砸情况"了。几位同事说，其中一名女性开发了一种新型理财产品，但最终以失败告终，让公司蒙受了巨大的经济损失。

遗憾的是，凯瑟琳没有机会与这两名女性取得联系，故而无从得知她们的观点，也不知道哪些情况在她们眼里算是脱离了控制。但就调研内容来看，凯瑟琳想找到帮助公司做出变革的方法，为其他女性的职业生涯保驾护航。她也希望能从其中找到值得其他女性学习的地方，并让她们从中获益。

凯瑟琳询问了这两名女性的男性同事："当你看到她们犯错时，为什么不告诉她们？你为什么不提供帮助？"他们的答案分为四大类，十分具有启发意义。

第一类答案与专业能力有关。因为这两名女性的职业素养很高，所以她们的同事认为她们理应清楚了解自己的工作职责。作为高层领导，她们应当拥有获得成功的方法和资源。她们身居高位，已经不需要手把手的教导和反馈以避免犯错。

第二类答案与个人情绪有关。因为很多人并不了解这两名女性，向她们提建议会感觉很不自在。男性同事说，他们担心不请自来的建议会令这两名女性不满。当凯瑟琳问及"不满"的具体表现时，答案常常会演变为"我怕她会变得情绪化"。有一些人提到，他们害怕女性会表现得很生气或伤心。

第三类答案认为，向女性提供反馈可能会被视为不恰当的行为，并担心惹上要去人力资源部走一趟的麻烦。

第四类答案认为，女性在获得反馈时非常较真、难伺候。他们总是会说类似的话："当我们向女性给出反馈时，她们会问一大堆问题。"凯瑟琳在最后一条评价中看到了自己。当她还在企业就职时，经常会在获得反馈后提出许多问题，但并没有考虑到这种做法会被冠以负面的标签。

向雇主提交报告前，凯瑟琳在走廊里等候，看到两名男性员工一边闲聊一边经过走廊，眼睛牢牢地盯着手机屏幕。显然，他们刚刚做完汇报，其中一人说："你结束汇报的方式没有效果，你真的应该换一种方式。"另一人头也不抬，毫不迟疑地回答："对，你说的没错。我必须要改改了。"

看到这一幕，凯瑟琳深有感触，就好比上了一节微课，认识到了男性和女性通常给出和接受反馈的方式。当她就看到的这一幕询问自己的男同事时，对方也证实这是非常正常的情况。他们表示，反馈应该是迅速、及时、不带感情色彩的，也谈到这种小修正为他们的职业发展带来的好处，就好比运动员能获得即时指导，以实时提高成绩一样。

凯瑟琳将反馈报告提交至该公司的高级管理人员后，他们对结果感到非常失望和难堪，下定决心做出改变。凯瑟琳为女性学员总结的经验教训则是：能力强、职位高，未必足够。凯瑟琳不能肯定这两名女性是否征求过反馈，但她们的男性同事显然没有主动给予过反馈。她确信，若能建立即时的信息获取体系，女性才能在职业生涯面临危险之前，有更好的机会修正自己的职业道路。

世界需要更多的女性领袖。我们曾看到许许多多女性走上歧途、偏离方向，所以不希望你重蹈覆辙。获取反馈是一项高级技能，我们将其看作事业成功的关键。积极、主动地获取反馈将助你在任何工作中迅速取得进展。你需要确定寻求反馈的对象、频率，明确你想要从同行或同事那里获取的具体信息，接着付出实际行动。

教练临场指导

以下问题将帮助你反思自己的处境：

- 你如何及时对自己的表现进行回顾反思？

- 你会回避征求反馈意见吗？如果是，原因是什么？

- 关于他人对你的想法，你对此的了解程度如何？

- 你可以向哪些人寻求反馈和建议？

- 你可以采取什么措施来影响他人对你的看法？

- 哪些行为会帮助你持续不断地学习？

策略

在一次播客访谈中布尔斯坦（Boorstein）谈到，当自己听到 GPS 对她说重新计算路径时，勃然大怒或采取防御心理都是徒劳无功的。"你可以生气，也可以打道回府，你还可以向其他人抱怨自己简直不敢相信 GPS 竟然说出了重新计算路径这样的话。"布尔斯坦说道，"人很容易就被引诱着陷入这种慷慨激昂的情绪中。"然而，如果你确实走错了路，更明智的做法是认识到自己走错了方向，并对它的提醒心存感激。"慢着，这一条路并不能带我抵达我的目的地。"布尔斯坦还指出，反馈是一种信息，而非对你的价值观或情绪评头论足："不管我走错多少次路，GPS 只会不断地说'重新计算路径'，它的语调不会发生任何改变。"[4]

例如，米凯拉（Mikaela）就收到了直接反馈，说她不能很好地与自己的经理和直属上司协调配合，而她与上司的糟糕关系会为团队带来消极影响。她的回应是什么呢？"谢谢你告诉我这一点。我会努力做出改变。"她卸下心防，坦然地接受他人的反馈，这一态度以及她的后续跟进都很重要。她立即采取行动，改善她与上司之间的关系，并完成反馈报告。反馈报告的做法不仅能强化她的新行为，还能向团队传达"我听取了建议，现在我正主动采取行动来改变现状。如果我现在的做法不能帮助实现目标，请再次向我反馈"。几个月后，她收到了新的反馈。"你已经成功做到了。你改善了人际关系，这将有利于企业发展。"这一步的关键在于明确你对他人的具体需求，这样他人才能帮助你实现目标。

我们的公司在 2021 年开展了一次定性研究，采访了 37
位任职高层管理岗位的女性。无论她们的技能、职业道路如
何，所有受访人的核心能力都是保持坚韧、敏捷性以及持续
学习。

当你积极征求反馈意见、慷慨地感谢他人的帮助时，
这就表明了你对持续学习的兴趣。罗伯特·艾辛格及迈克
尔·隆巴多在《职业架构发展规划师》一书中，将学习敏捷
性❶比作"灵丹妙药"。[5] 辛西娅（Cynthia）的事业蒸蒸日上，
步步高升。她告诉我们，她之所以不断获得晋升，很大程度
上是因为她始终对学习保持好奇心和热爱，并以此而闻名。
她擅长听取他人意见，她的同事和上司将她的开放态度视为
一项非常重要的能力。

寻求帮助也能让他人加入你的团队，为你的职业发展建
言献策。向他人展现自己想要被看到的那一面，永远不要低
估这样做的重要性。虽然反馈并不要求你做出改变，但它能
提供宝贵的数据资料，并基于他人对你的看法给出从特定方

---

❶ 学习敏捷性，指的是从各种经验、人和资源中持续快速地学习、忘
却和重新学习心理模型及实践的能力，并将这种学习应用于新的且
不断变化的环境中，以达到预期的结果。——译者注。

面做出改变的原因。女性常常不能接受会损害其价值观或诚信品质的改变，所以我们常常会说，你永远有权利选择自己接受什么事物、做出什么改变。他人的看法只代表他眼中的既定事实，与他争论几乎不会有任何作用。但如果你从许多人口中都听到了相似的反馈，那就值得好好审视一番了。思考或采纳反馈以主动找到改变他人对你的认知的办法，这一行为会让你受益匪浅。我们将向学员展示图 3，以说明认知循环的原理：

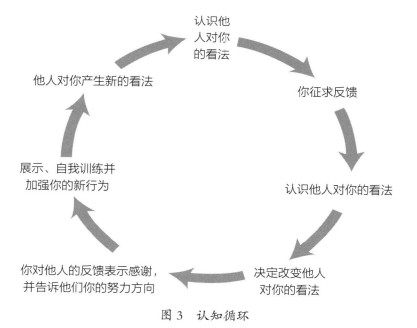

图 3　认知循环

　　一切都从自我觉察开始，这也是我们鼓励你需要不断发展的一项技能（详见第二章）。能够自我觉察的领导者往往效率更高，部分原因是自我觉察意味着高情商。了解你的情绪反应能帮助你对他人的情绪变化做出回应。如果在会议上你看到他人对你提出的想法缺少积极回应时，留意他们传达的信号。他们的声调、肢体语言、面部表情是否发生了改变？他们的语速变慢了还是加快了？

当你试图说服他人或了解自己时，请留意他们对你的话的反应。这是另一种获得反馈的方式。对方表示抗拒是对你交流方式的评价，这意味着你需要改变说话内容或交流的方式。

阻碍我们前行的故事

即使有很好的战略和指导，我们发现，有能力的女性也有可能被她们的受限心理绊倒。我们常听到很多说法，证明激发了这些观点的潜在负面情绪仍在一次又一次地出现：

- 每次获得反馈都以伤害我的感情而告终，所以我不会主动征求反馈。
- 我不能决定别人对我的看法，我已经厌倦了倾听别人的感受。
- 我现在的做法对我来说行之有效。我擅长目前的工作，为何要改变？

- 如果每人都可以发表意见，那我也能积极表现。

- 我就是我，审视他人对我的看法也不会改变我的本质。

- 征求反馈或信息需要花费大量的时间。

- 若我征求反馈或建议，人们会认为我连自己在干什么都不知道。

受限心理出现的根本原因往往来自恐惧。听到自己"需要改变"的声音或许会伤害你的自尊心和感情。你可能担心其他人认为你能力不够、技能不足，或缺乏相关知识。当你尚未弄清楚所有问题时，你是否害怕他人认为你"不够格"？这是否会影响你未来的发展？

让我们试着从另一个角度看待这个问题。何不将他人的反馈当作一份礼物？只有格外关心你、希望你成功的人，才会向你反馈有用的信息（哪怕有时良药苦口），而非将他人的反馈理解成"认为你能力不行"。他们在向你分享自己的故事，若你仔细考虑这些可能与你工作相关且有用的经验，对你来说又有什么坏处呢？

有时，当女性获得预料之外的反馈时，她们会说："何必认真对待？反正我也不会改变。"但若是他人举起了一面镜子，他们可能只是让你正视自己在镜中的映像，并非表示他们讨厌你、否定你。以人为镜，可能让你获得新的启发或感悟，但再强调一次，你仍然保有选择改变与否的权利。

对女性而言，几乎没有比了解自己的长处和自己所处的位置更能为她们带来优势了。这一做法能使她们职业脱轨的风险降到最低，并凸显她们的强项。没有人是一成不变的，生活也在不断改变。若女性希望自己以及自己的人生目标都走上正轨，那么征求、听取、接纳他人的反馈就会为她们提供宝贵的帮助。如果知识就是力量，那么认识自己就会让这种力量呈指数级增长。

重塑的力量：一个新的故事

莉迪亚是本章开头提到的一名学员。在对自己的评估报告进行反思后，她和布伦达一起制订了一个计划。虽然莉迪亚依然认为自己是一名训练有素的管理者，也知道何时表现自己强硬的一面，但她的首要目标是改变同事对她的错误看法。她打算通过谈话和自我推销来影响他人对她的印象。

开会时，莉迪亚开始讨论自己面临的一些艰难决定以及准备采取的做法，并在做出决定后向团队汇报进展。她坦率地提到自己必须提供棘手的负面反馈，并说明了自己提供反馈的具体方式。她向团队跟进工作进程，分享自己遇到的挑战和棘手的谈话，以及自己采取的应对方法。莉迪亚坚持使用"追求卓越"的字眼，并常常用坚定的语气谈起自己为了提高团队绩效、取得理想成果而采取的行动。

此外，莉迪亚还招募了一些值得信赖的同事对她的工作表现提供反馈。她向同事们解释说明了自己想要实现的成就，并请他们监督自己采取的行动，一旦行动不能帮助她实现目标便向她发出警告。一位同事提到，她的一位直接下属有影响工作效率的行为，且另一些人认为莉迪亚并没有注意到这一问题。莉迪亚对这位同事的诚实表示感谢，并简要写出了她对这一情况的应对措施。采取行动后，她向这位同事分享了自己让员工重回正轨所采取的步骤。

她的付出得到了回报。6个月后，当布伦达对她开展跟进评估时，当初认为莉迪亚"不够强硬"的评价已销声匿迹。布伦达特别要求他人从"不够强硬"这一特点进行评价，但所有人只是耸了耸肩，谁也不觉得莉迪亚存在"不够强硬"这个问题。

莉迪亚接着对布伦达说，她的举止其实并无多大变化。但她确信别人对自己的看法已有所改变，因为她能经常主动地谈起自己强硬的一面，并引用详细的案例来支撑她的观点。莉迪亚很高兴能改变那些可能妨碍自己实现职业目标的错误看法。

反馈是你的朋友

我们曾经开玩笑地说起要制作 T 恤衫，并在上面醒目地印上这几个大字："作为礼物赠送给学员。"如果你能学着将反馈视为来自他人善意的帮助，那就会卸下心防，不会因为他人的反馈而火冒三丈。若采取防御心理是你的本能反应，那也是人性使然。理想情况下，你会找到维护自己自尊的方式，超越自己的防御心理，以便能更加客观地思考你获取的信息，挖掘其潜在的价值。

反馈是为了进步

通常，当人们听到"反馈"一词时，总是会生动地翻个白眼。反馈是学习新信息、发现不同行事方式的过程。我们会让参加培训的女性从不同的角度来看待反馈。参加培训的一位银行家曾说过，他很喜欢接受客户的反馈，因为他们能告诉自己需要如何改进。在我们的培训项目中，我们让大家互帮互助，把焦点集中在"下一次你会采取什么不同的方式来提高你的表现"。我们要帮助那些接受反馈的人思考如何改进，而非让他们为了过去的行为或表现耿耿于怀。

找到接受培训的渠道

与任何需要练习的行业一样，接受培训辅导能帮助你提高熟练度。领导力是一项十分具有挑战性的技能，需要通过不断实践才能得以提高。教练指导能帮助你更快地提升自己的领导力。若你没有条件聘请教练，那就给自己创造条件——找到那些愿意直接、坦率地指出你工作表现的人，并为他们做同样的事情。

考虑"事后复盘"

事后复盘指的是在事件发生后进行分析，以了解过程中哪些步骤符合或偏离了预期，以及如何进行改进。当你得知自己将负责一个项目、进行一次汇报、担任委员会主席或主持一场大会时，你需要准备好向相关人员进行进度汇报。有时人们为了表现友好和支持，会说一些"你干得不错"之类的话。而我们的一位名叫梅赛德斯（Mercedes）的学员却想要获取更多反馈。她表示："这句话对我一点帮助都没有。"即使她对自己的汇报表现感觉良好，她也仍会向他人询问具体的改进方式。"如果你是我，"她说，"你会做哪一件事，让你的汇报更精彩？"你也可以在这些时候进行反思、记录。我们就认识这样一名女性，她创建了一份电子表格，用来跟踪记录她完成的工作、获取的反馈，以及从反馈信息中学到的东西。

采取中立的态度听取反馈可以成为一项强大的技能，帮助你区分反馈和批评的不同。你可以向演员和运动员学习，他们最能理解"通过反馈提高表现"的道理，并从教练、队友以及其他剧组成员那里不断获取甚至是主动征求即时的指导，以帮助他们更好地完成本职工作。他们明白自己不能等到比赛结束或者落下帷幕后才进行改进。

教练临场指导：规避职场盲区的技巧

征求意见

人们通常认为反馈都是负面、消极且有可能造成伤害的东西。如果征求反馈听起来太困难，那就将其改成征求建议。询问他人"你是否能就我面临的挑战提出一些建议"？这能缓解你的紧张情绪。具体说明你现在面临的困境、麻烦或你对他人看法的担忧，询问他人"你如何解决这一问题"？反馈就是信息，而信息就是力量。你不一定要据此采取行动，但你需要了解他人对你的看法。

并非所有的反馈都同等重要

许多人都可以给你反馈，但有些人的反馈比其他人的更重要。勇敢一些，向那些可能并不支持你的人或与你相识不久但也许对你有着有趣看法的人征求反馈意见，以及向那些更有可能影响你职业生涯的人征求反馈意见。

了解行业之道

你的职业生涯不仅包括"完成本职工作"，你还需要具体学习如何经营业务、实现赢利，这一点通常被称为学习"行业之道"。你的工作如何与业务成果产生关联？你所在企业的核心使命、商业目标是什么？关键的衡量指标是什么？了解公司的目标和战略能助你做出有益于商业成功的决策，也明确展示了你致力于了解公司全局观所做出的努力。我们对女性的反馈评估中，常常包含这样一个主题："她需要学习企业经营、赢利的原理。"

预留思考时间

征求反馈意见或建议时应提前告知对方，让他们有时间去思考要表达的内容。对方有充足的时间思考，不至于觉得自己被逼上了绝境，才更有可能向你提供更完善、全面的反馈。你可以在每天或每周工作结束之余分配时间回顾反思。如果你的时间紧张，或许可以利用通勤时间。你也可以在日历上画出几小时，专门用于思考你获取了什么类型的反馈，或你从哪些领域获得的数据使你了解到了自己的表现。留意你脑海中的声音以及大脑编造的故事。

寻找一个指导搭档

一段互惠的指导搭档关系可以为我们的自我提升创造奇迹。例如，如果你想提高自己的会议演讲能力，或提出有深度的相关问题，那就和你的搭档约定在每次会议后向对方提出建议和反馈。明确搭档的需求，观察他们的互动模式，并想办法提供真实的反馈。此外，你也可以向可靠的信息渠道询问他人对你私下的评价，以便进行相应修正。

要点总结：我们希望你知道

- 一旦明确了目的地，路线导航和修正方案将帮助你更快到达那个地方。

- 请记住，人们对你的看法构成了他们眼中的既定事实。一定要认真对待他人的看法。

- 反馈和行动可以影响和改变他人的看法。

- 主动寻求建议和反馈，给出行动方案。感谢那些提供反馈的人，如果可以，请向他们汇报你所采取的行动。

- 通过采取强有力的行动和自我宣传来改变他人的看法。谈谈你学到的经验和身上发生的变化。

- 学会和反馈交朋友。花时间思考你所获取的反馈，让它帮助你成长。

第五章

CHAPTER 5

对"准备"
理解有误

制定战略，实现你的预期目标

> ❝
>
> 外行努力做对，专业拼力做好。
>
> ——无名氏
>
> ❞

　　玛雅（Maya）是一家资产管理公司的高级副总裁，负责执行委员会重要的汇报工作。彼时，该公司正在筹备一项重大商业拓展计划，涉及巨额金融投资和相应变革。几个月来，玛雅和她的团队马不停蹄地工作，规划项目如何实施落地，分析了变革将如何影响公司预算、运营、人员配置以及培训，并简要概述了变革发生前所需的过渡。

　　向委员会汇报的那天，玛雅完善了阐述拓展计划的数据、图表和幻灯片，没有遗漏任何细节。她和团队制作了精美且内容丰富的报告，她为此感到满意和自豪。她坚信，只要努力就会有收获，最终一定能完美地完成汇报。

会议结束的第二天，玛雅参加了凯瑟琳的培训课。当凯瑟琳问起她的汇报时，玛雅低下头，耷拉着肩膀，看起来很是失落。汇报并没有达到她预期的效果，项目也因此停摆。

当她们复盘会议时，玛雅说自己汇报的时间被缩短了一半。尽管她对汇报内容了如指掌，但却并未提出有战略意义、有针对性的观点。委员会成员提出了许多问题，这让汇报时间更加紧迫。她最终未能获得支持该项目的动议，因此不能推动项目进行，而延迟决策将耗费公司数月时间。玛雅告诉凯瑟琳自己感到很气馁。

凯瑟琳问她为汇报都做了哪些准备，玛雅一一讲述了她和团队付出的努力：收集数据、编写文档、制作内容丰富的专业幻灯片。"我知道，但你是如何准备汇报这些信息的呢？"凯瑟琳问道，"你是否提前进行了排练，以把控汇报的时间和节奏？会议开始前，你是否与委员会成员或重要人物进行交流，看看他们是否心存疑虑或担忧？你是否为可能出现的抵触情绪做好准备？"

　　玛雅并未认真考虑过这些问题。她说，因为她具备丰富的专业知识，自诩对该场汇报做足了准备。而且商业拓展计划在许多会议中都有涉及，所以她认为大家对这一议题都已非常熟悉。她擅长即兴演讲，并不需要在汇报前投入时间来排练，或争取委员会支持该项目进入下一环节。

　　玛雅的经历只是我们经常看到的"工作过度、练习不足"中的一个典型案例。在我们看来，准备和练习二者涵盖的范围要远远超出大多数女性的认识。

　　女性常常对我们说，"完成工作"是她们的首要目标。我们并不是说这一点不重要，但"完成工作"只是"把工作做好"的一部分。准备和练习的秘诀在于首先要建立实现预期成果的强烈愿望。这样做能让你打开思路，考虑所有需要完成的事项。在这方面进行更有战略性的思考，你才更有可能成功地获得想要的结果。

　　在我们的研究以及对数千名女性的培训中，我们发现女性忽略准备工作的倾向十分常见。这一问题普遍存在，却又似隐似现，所以我们称其为"无声的杀手"。当女性花费了过多时间来"完成工作"，却忽略了为相关重要环节做好充足准备和练习时，就不能从整体上充分地利用她们的领导力、影响力和人际关系。

例如，为一场汇报做准备时，你不仅要了解汇报的主题，还要了解听众。要想获得真正的影响力，就需要精心排练、联系要人、安排对话，以提前了解其他人在影响决策关键问题上的立场。我们辅导过一位女性，她将"计算选票"看作一项重要的筹备工作。她了解到，大部分重大决策在会议前便已尘埃落定。"如果你不事先做好准备，更容易走上歧途。"她对我们如是说道。

问问那些靠上台表演谋生的人——运动员、演员、音乐家——有关练习的事宜，你很有可能听到许多关于他们日常训练的细节。他们会在健身房里经年累月地完成特定训练，或持之以恒地练习一段复杂的音乐。运动员会告诉你卡路里摄入量对赛场表现的影响，演员会告诉你如何耗费几周或几个月时间进入角色，而音乐家会告诉你如何通过排练、练习、学习以掌握特定技巧。他们都清楚地了解自己的心之所想，知道需要完成特定的任务才能实现目标。这种态度和坚持操练的能力让他们的表现看上去浑然天成、轻松自如，甚至可能会让人误以为他们的工作十分简单轻松。这些领域的从业者知道，练习和准备是最大化影响力、增强信心、取得成功的关键。

一名曾参加培训的首席执行官关注过一位她十分敬仰的领导，她向我们讲述了他的故事。当他在大型员工会议上登台演讲时，总是能"点燃全场气氛"。"在几百人面前，他的表现依然如此流畅、鼓舞人心。"她告诉我们，"他的表现非常自然。"她想知道他是如何做到这一点的，以及如何在安排得满满当当的会议和压力中恢复过来，然后活力十足地出现在员工面前？最终，她终于找到一个机会向他提问："你刚才是如何做到坦然且自信的？"对方专注地看着她，回答道："这并不轻松。这不是与生俱来的能力，我在这方面下了很多功夫。要创造故事，并反复练习，不断地努力完善自己的表现。"他的秘诀不在于天赋，而在于以结果为导向的不懈练习。

你的舞台、领域、专业能力不同，故而要掌握的一系列技巧也不尽相同，包括：清晰表达你的想法、具体描绘你要取得的成果、消化相关信息、传达说服力强的信息、了解你的听众。但这仍然不够。努力地练习和微调才是令你表现出色、自然、真实、有力的关键。

职场盲区：不知道准备和练习涵盖了更广泛的范围

当我们辅导的女性因为工作不顺而感到不安、痛苦时，我们通常会发现，她们并未在准备或练习上投入充足的时间。

她们更倾向于关注准确的数据、搜集资料、固定流程，从项目规划直接跨越到执行落地，而不是将其分解成几个重要的步骤。这是另一个盲区。

要消除这一盲区，你可以有意识地、明确地设定自己想要实现的结果。"我想以什么形象示人？""我需要从他人身上获取什么？""我想要留下什么影响？""若一切进展顺利，会发生什么事？"诸如此类的问题也许就能让你逆风翻盘。清晰地具体化你的目标、谈论你想实现的成果，是成为高效领导者的标志。

明确目标、提前规划、不懈练习能培养自信。正如我们常对女性学员说的那样："自信是一种行为，而不是一种感觉。"准备和练习能让你实现最高境界的自信——感觉自己永远都不会出错。到了这一境界，美好定会如期降临。

有时女性会忽略提前准备，因为她们没有意识到这一步的重要性，或因为忙碌而不能关注到这一步。但我们常常发现还有另外一个原因——逃避。告诉自己"擅长即兴"或"完成工作"就够了，这种做法也许可以缓解你上台表现的压力，但付出时间去练习、准备、排练却会为你带来渐进式的、长足的影响。不要小看了紧锣密鼓地完成筹备工作带来的效果。

当然，努力工作也是必不可少的要素，这是让你在职场上获得一席之地的门票。但是，当你磨砺自己的职业专长时，也需要花费同等的时间去打磨自己的故事、清晰地传达你的思想。女性在树立影响力时没有"临场发挥"的资本（正如玛雅的故事那样）。小到常规会议，大到重要汇报，你需要不断地精确打磨自己的能力，才能让他人采纳你的想法，让你影响决策，以期取得最优化结果，最终让你有机会大展拳脚，事业更上一层楼。若你不解决这一职场盲区，就会面临个人影响力下降的风险。

职场盲区的危险

我们曾辅导过的一位女士说，她几乎每天都要在各个会议间奔波，让她甚感疲惫。在一次培训课上，布伦达问道："你希望或期望在这些论坛上留下什么样的影响？你如何为会议做准备？有多少与会人员需要你出席会议？"经过分析后，这位学员终于能在一周的工作中挤出可供自己安排的几个小时。许多会议并不需要她出席，但她能通过留言为会议建言献策，或通过与领导通话来分享她的见解和建议。

你有多少次在不了解议程的情况下匆匆出席会议？你对决策者、重要的人、你在会议中扮演的角色了解多少？会议是为了曝光、广开言路，还是为了决定项目推进？在没有准备的情况下，你不知道需要提出什么问题，也不能准备好提出自己的观点和见地。若你未能进行准备和练习，那么你的首要主题和关键点就有可能被打断或因缺乏焦点而被掩盖。即使不是有意为之，也很容易以混乱告终。

虽然你可以装腔作势或随性行事，但缺乏准备和练习的后果一定会追上你的步伐，延缓你的职业向上发展。在经营事业时，忽略准备和练习至少会带来四大危害。

引爆炸弹

这不仅会影响你个人，也会削弱你的创意或项目的影响力。若你在一次表现自己的场合（会议讨论、汇报或与同事的重要对话）中完全失去立足点，或没有取得必要或理想的工作成果，你需要在这一情况发生后努力重新组织你的论点，使其回到正轨，这个过程非常损耗精力。

失去你的听众

从许多方面来说，失去听众是许多人的噩梦，没有人会刻意为之。就算你没有彻底失去所有听众，但很有可能发生的情况是，听众虽认可你的观点，但仍认为你并不是可以带领团队进步的最佳人选。

将自己边缘化

局部最优化你的影响力可能对你已经实现的目标、你的职业道路以及你的名誉造成长足的负面影响。贬低自己的个人力量可能会导致你的职业脱轨。许多女性的反馈说明，不管是在特定会议上，还是在一对一交流或小组讨论中，女性始终需要提出有力的观点，并让自己的声音清晰可辨。

陷入死循环

通过刻意练习和准备可以帮助女性进步，让她们更加自信，散发风采。如果注意力不集中以及准备不足，难免会使女性与机会失之交臂，即晋升失败，不能参加重要项目，或者个人绩效评估上赫然写着一条"缺乏发展潜力"的评价。练习能培养你的技能，加强肌肉记忆，让你在每一次重复后都有所提高。

准备和练习能为你的工作注入活力，建立自信，提升你的影响力。舞蹈编导玛莎·格雷厄姆（Martha Graham）也曾强调了练习的意义。她写道：

　　我相信，人们是在练习中进行学习的人。无论是通过练习来习得舞蹈或学会如何生活，其原则都是一样的。在每一种情况下，无论是身体上的还是智力上的追求，我们都会练习一套专门的、精确的行为表现，并从中收获成就感、存在感以及精神上的满足感。练习意味着直面所有障碍，一次又一次地让自己的愿景、信念和欲望成真。练习是追求完美的一种手段。[1]

教练临场指导

以下问题将帮助你反思自己的处境：

- 在你的职业生涯中，因为没有进行充分的准备和练习，你错过了哪些机遇？你将如何做出改变？

- 为了取得不同的结果，你会重新练习什么能力？

- 无论是会议、汇报还是事业，如何明确你所期望获得的结果？

- 你所在领域或其他行业的佼佼者是如何进行准备和练习的？他们的常规练习、习惯和重点领域是什么？

- 你该如何获取练习和排练的反馈，以便进行微调?

● 你可以做什么练习来更好地准备会议,让你的声
音在其中占据一席之地?

准备和练习可以融入日常工作中(图4)。你可以把准备
和练习写在你的日历上。

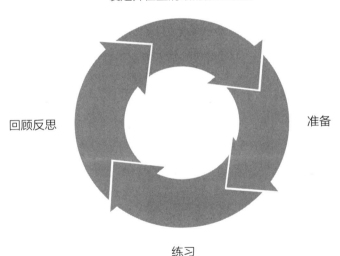

设定并检查清晰的预期结果

回顾反思

准备

练习

图4 准备及练习循环图

当你负责大型汇报工作时,请安排好排练时间,抽时间
浏览会议议程,并记下你的观点、评价和问题,不管你是否

需要发言。当会议议程与你的专业知识和工作职责无明显联系时，你也要做好在任何论坛会议上发表意见的准备。因为这关系到设定目标、投入和取得最终成果。如果你不能看到这一点，不能为其做好练习和准备，那么其他人也就看不到你的目标、投入和成果。你还有很多机会去完善准备工作，打磨自己的技能。

会议

提前拿到会议议程，并思考你参加该会议的原因。若你无法想出与会原因，那么你是否可以拒绝入会、委托他人出席，或以其他方式跟进会议？如果你必须参加，那么一定要带着目标和意图参会，并且要有备而来。简要列出你想分享的要点，记下你想提出的问题。

踊跃发言

据我们多年来对女性领导者的评估反馈表明，在做出决策时，女性主动发表意见的可能性要比男性低得多。你需要努力让自己的声音被听见，原因有很多，包括：你可能会被打断、被议论；他人提出了和你一样的观点，却没强调是你的创意。凯瑟琳与人合著了一篇名为《女性，找到你的声音》（*Women, Find Your Voice*）的文章，不仅强调了以上挑战，并提出让女性声音被听见的策略[2]。提出问题、分享经验和观点是让人倾听你声音的好方法。不喜欢发言、性格内向的人要做到未雨绸缪，提前决定如何利用自己的声音。在会议上尽早发言也能缓解压力，让你信心十足，促使你在会议的后半程继续发表你的看法和见地。

非正式会谈

我们曾经辅导过的许多女性都讲述了这样的故事：她们在排队买咖啡时发现身旁站着一位重要的企业高管，或者在走廊或电梯里偶然遇见决策者或企业重磅人物。有一位学员曾和公司的首席法律顾问一同搭乘电梯，后者掌握着她所需要的重要信息，但她却手足无措，不知如何在那样的情况下提起这件事。在电梯上升了 38 层楼的这段时间里，他们仅仅谈论了天气和运动的话题，她也因此错失了一个大好机会。与之形成鲜明对比的是，另一位学员在和首席执行官走过两个街区买咖啡的路上，顺势讨论起接下来的领导议程，而这免去了她耗费几周时间和首席执行官的手下员工交涉的麻烦。

晚宴

不管是商业聚会还是私人聚会，都可以成为你与不同层次的人进行沟通的场所。提前思考几个大家可能都感兴趣的话题，譬如一本书、一部电影，或是旅行地推荐。想一想工作方面的话题，譬如你读过的一份新报告、文章，或是你会见的客户以及从客户身上学到的有趣知识。你如何进一步吸引你的听众？只要稍做准备，就更容易给他人留下深刻印象。

社交活动

我们不知道有多少人对这些活动翘首以盼。但只要稍加注意你就会发现，这样的活动对建立或巩固人际关系有着深刻影响。你需要带着目的出现，把你的开场白换成我们最喜欢的话："把你的故事讲给我听。"

董事会会议及董事会成员

研究调查可以帮助你了解一些董事会成员的身份和他们在乎的东西。首先明确你想要实现的目标，接下来的一切便能水到渠成。你希望得到支持并完成一项重大项目吗？你如何为一项新倡议提出令人信服的理由？你会怎样阐述即将发生的变革将如何影响你的部门？哪些数据和信息将帮助你说服他人，并召集他人为你的目标并肩奋斗？或许你可以准备提出问题，或分享一些你的要点。

采访

当许多女性再一次接受正式采访时，往往发现自己已成为资深职场人。随着时间推移，你有可能已晋升到新的职业角色，或者你现在的职位已与时俱进，发生了改变。企业转型也许意味着新的领导团队和团队分工，你也许会发现自己不得不捍卫自己的位置，或选择一个新职位。此时，你需要思考自己的成就、位置以及故事如何发生了改变，并将其穿插在与重要领导者或潜在雇主的对话中。制造机会推销自己，让领导认为你是有价值的员工或是值得培养的新员工。你需要精心设计自述故事并不断排练，直到你感觉信心十足、胜券在握。谈谈你的工作成果——营业收入目标、开发新客户、缩短交易期，或你所取得的其他与岗位相关的成果。

辅导员工

明确你谈话的意图、需要提出的具体观点，以及提出这些观点的最佳方式。你可以利用哪一个商业案例来说服他人改变自身行为，或采取不同的办事方式？反问自己："我要达到什么目的？在对话结束时我希望让对方感受如何？"

提出一项重大请求

为了照顾团队或同事，女性很擅长为他人争取权益。但为自己争取权益反倒成了件伤脑筋的事。你需要构建一个商业档案，不断练习如何直接、简洁、有力地提出自己的需求。充分考虑你想要的解决方案、应对阻力的方式，并始终与对方就下一步工作达成一致。

琢磨你的观点

做足功课，才能让你的商业观点有据可依。例如，如何对内部自主研发和专业外包进行成本收益分析？企业应该资助还是放弃某个项目？扩大规模还是退出市场？如果你的观点被其他声音淹没，那就想办法不断重复，或另寻他法来突出你的观点。磨砺你的思维，传达你的信息，并为此据理力争，这才是一位整装待发、果敢自信的领导者的表现。

回顾成功经验

深孚众望的领导者有一个特点，即留出固定时间来回顾自己的成就，以及为了取得成功做了哪些事。想一想你面临的最严峻的挑战以及应对方法，写下你的成功故事，将自己塑造成一个英雄形象。就好比运动员会在比赛第二天回放比赛录像、演员会回顾自己的表演一样，找出自己成功的原因以及如何复制成功的法门。

阻碍我们前行的故事

当我们指导女性重视准备和练习时，我们注意到女性的反应主要有两种：没有时间和 / 或感到焦虑。女性会说出以下类似的话：

- 没有时间去想这件事对我来说反倒是件好事，否则我就会怯场。
- 完成工作后，我没有什么时间去练习或排练。
- 我实在是不知道应该如何排练。

- 有些人天生就擅长公开演讲，但那不是我的风格。

- 我没有时间。

- 以我现在的水平，我很清楚怎样做好工作。

- 跟着剧本走感觉很没劲。

- 即兴的时候我能表现得更好，我擅长即兴发挥。

最后几个观点来自一位名叫索妮娅（Sonia）的学员。她认为，过度的练习和准备会让她少了自然感，多了压力，且太过正式，少了真实感。她尤其强调自己"即兴发挥"的时候状态最佳，并刻意选择不将时间和精力花在细微调整上。

最近，她受指派领导一个部门。新官上任，她要面向该部门的全球几千名员工致辞，其中许多人都在家中参加网络会议。但在她演讲时发生了一个"啊哈时刻"。

索妮娅对上台演讲并不陌生，她享受聚光灯。通常情况下，她会想办法表达自己的愿景，用她的幽默感和故事与听众建立纽带、传达她的讯息。在她发表演讲的当天，她像往常一样充满活力。但在她做开场白时，奇怪的事情发生了。索尼娅感觉自己要崩溃了。她口干舌燥，呼吸急促，一次又一次地伸手拿水喝。她用尽全身力气，终于坚持到演讲结束，回到办公室倒下休息。

后来当她与教练谈话时，她说自己在过去几次公开演讲中也出现了这种崩溃的感觉。完成演讲后，她自认为无人注意到她的崩溃。但她也明白，事情开始不对劲，她为自己感到担忧。

她的教练观看了会议的视频，前两分钟内发生的事情一目了然地呈现在眼前。演讲一开始，她就用快言快语、充满激情的风格，试图让部门的新员工感受到同样的热情。索妮娅以往的公开演讲只面向50~100名听众，但她常用的演讲技巧并不适用于数以千的网络听众。她需要另做准备，并刻意为之练习，以提炼演讲内容和措辞。

得知自己是缺乏练习而不是生病后，索妮娅松了一口气，便开始继续工作了。她开始有规律地定期排练，帮助自己找到了更好的节奏以面对更广泛的听众。她学会了在保持幽默、真诚的同时，更好地平衡呼吸，并适当停顿以突出重点。

企业员工往往不会将练习作为日常工作的一部分。对某些人来说，似乎只有以表演为生的人才需要练习。正如玛莎·格雷厄姆恰如其分地指出，生活的各个方面都能从练习中受益。在练习时要专注于预期的结果，建立节奏感、特殊的仪式和习惯，让你在感到自信、自在的同时把事情做好。

重塑的力量：一个新的故事

一位新上任的首席执行官弗朗西斯（Frances）即将与公司董事会举行第一次会议。她制定了完整的会议议程，列出了会议所需文件，并安排专家进行主题发言。在一次辅导课上，凯瑟琳问道："你准备如何启动这场会议？你想如何与听众进行互动？"她缄默不语。

等待片刻后，弗朗西斯最终说出了自己的想法。她对这次会议感到非常焦虑，还未仔细考虑如何发言，她应该怎样做才能让会议朝着目标推进？她的观点尚不明确。凯瑟琳建议，她们可以一起排练会议。在齐心协力的努力下，她们探讨了弗朗西斯对会议成果的愿景，并练习如何让会议议程顺利进行。弗朗西斯制订了方案，包括如何在不同话题间过渡、在每次讨论中获得什么结果，以及如何结束这次会议。

会议结束后，弗朗西斯报告说，在 4 个小时的会议中，她感觉一切都在掌控之中，对会议结果也甚是满意。她的准备和练习，以及她在辅导课上对凯瑟琳提出问题的反思，终于有了回报。"若会议非常顺利，那会是什么样的场景？会发生什么事？你应该怎么做？"提前思考自己想要实现的成果，为她带来了翻天覆地的变化。投入时间、有意识地准备和练习、精彩的表现，这为她奠定了坚实的基础，帮助她顺利达成会议的目标结果。

凯瑟琳对明确目的的力量有着切身的体会。作为一个大型人才培训与培养部门的领导，每次企业并购后，她都需要向加入企业的几百名新员工进行一次高风险评估汇报。她知道听众不会乐意全盘接受她的意见，所以她需要将汇报的目的具体化。"当我在厘清思绪时，我明白要让员工振奋起来，"凯瑟琳说，"让他们参与其中，并专注于最后的结果。"她认为，当她在汇报中提到某两点时需要员工鼓掌以示支持，所以她围绕着传递这两点信息来设计演讲。明确演讲目的后，凯瑟琳在脑中预演会议的理想效果。最终，方法奏效了。员工们在预期节点上为凯瑟琳鼓掌，并在离开会场时个个都振奋不已，满面红光。"如果我没有花时间准备，让听众在恰当的时机鼓掌，并努力实现这一目标，"她说，"这次会议很容易就会演变成"车祸现场"，或是结果不尽如人意。"

虽然训练模式、赛场、舞台不同，但你和演员、运动员和音乐家一样，都需要展现自己的实力。细心雕琢你的语言，展现自己真实的一面，你也能讲好自己的故事。当你为即将参加的论坛筹备时，若将"准备会议"视为一次至关重要的演出机会，可能会发生什么变化？

蒂姆·格罗弗（Tim Grover）作为迈克尔·乔丹（Michael Jordan）和已故球员科比·布莱恩特（Kobe Bryant）等运动健将的教练，在他的著作《野蛮进化》（Relentless）一书中大力强调了坚持的重要性。格罗弗讲述了科比不放过任何细节雕琢球技的故事，这让他在球场上得心应手、游刃有余。他日复一日地进行基础训练，通过不断重复来加强力量、提高敏捷度。格罗弗说，正是这种"坚持不懈"的精神使科比能够成为最强劲的竞争选手。他们深知自己想要的是什么，并投入必要、持续、重复的努力来实现目标。[3]

在商业领域，练习指的不仅仅是站在镜子前说话，或者在正式演讲前快速过一篇演讲稿。你应该集中心力去练习，有条件的话再邀请一位同事或信得过的好友为你提供反馈，以确保你能清晰、自信地传达自己的观点，并预见可能发生的意外或听众提出的问题。

你可以考虑用新的自我对话来取代过去的故事和观念。

● 我可以明确自己想要取得的成果。

● 我可以了解如何在工作中为突发情况做准备和练习。

● 我不必一次性练习所有技能。

● 当准备就绪时，我会目标明确，自信且投入。

　　一天，露丝（Ruth）参加了布伦达的一堂培训课。彼时，她正为下周主持一场部门全体职工大会感到焦躁不安。她不堪重负，甚至差点放弃了领导力辅导课程。作为部门的新任领导，她并不期待这次会议。她告诉布伦达，在会议上公布具体项目或企业变革还为时尚早。她决定先进行自我介绍，再回答问题。

　　布伦达询问了她对自己的新角色和预期会议的设想。她对团队成员有多了解？她是否知道员工和她有同样的梦想？已着手开始的工作在一位领导带领下不断推进，员工是否为此感到开心？若利用这次会议，为她走马上任开辟新纪元建言献策，那会发生什么？

　　讨论结束后，露丝的声音听起来似乎有了活力，她对会议的态度也有所改观。她致力于实现这些令人欢欣雀跃的设想，让整个部门参与进来，开始为共同的愿景做准备。她提前联系直接下属，询问他们面临的挑战和想法。露丝没有选择即兴发挥，而是精心准备了一份重点突出、趣味横生的自我介绍。她写好自己的修改意见，邀请了指导教练，对重要内容进行排练。

几周后，露丝汇报了进展。这次会议气氛活跃、引人入胜，与会人员都积极分享自己的观点和经验。当她听到团队热烈地讨论，认为她是一位令人耳目一新的领导时，她感到自信、精力充沛、心胸开阔。人们看到了她全情投入、目标明确、创意十足的努力。团队甚至制定了目标口号，为团队合作打下了良好基础。

露丝并没有浪费时间在担心会议或她臆想的灾难上，相反，她设想出一个更好的结果，并花时间专注思考自己想要在听众身上留下什么印象，接着便有的放矢。准备和练习极大增强了她的自信心，而这场会议的大获成功是对她领导能力的肯定。

教练临场指导：规避职场盲区的技巧

将成果具体化

我们辅导过的每个高效领导者都会关注、定义并传达她对最终成果的展望。她们能看见自己的设想，将它描绘得栩栩如生，并带着这一清晰的目标进行准备和排练。

列出清单

详细写出练习会议、通话、非正式会谈的方式，提前研究会议主题及与会人员名单。若会议没有议程安排，则需要向上司询问会议目的和重要议题。一丝不苟地规划你的行程表，正如我们向辅导的学员所说的那样，对一些事情说"不"，才能让你对一些更重要的事情说"是"。

练习如何表达观点

随时准备观察、评论、提问，以便在任何时候都能发表自己的意见。提前确定你要坚持的观点，明确哪些事情可以做出妥协让步，哪些时候必须坚守阵地。事先决定如何回应负面或对立观点，以及哪些地方还需更多信息补充。

拉票

尽你所能，知悉大型会议或商讨会的走向和预期结果。凯瑟琳在与人合著的《影响力效应》（*The Influence Effect*）❶一书中概述了拉票、施加个人影响的完整策略。[4] 我们辅导过的一位女性说，这一习惯让她可以更敏锐地了解他人的观点，以及集思广益带来的更好效果。投入时间与他人对话可以帮助她了解商业挑战，并与她可能视为对手的人建立更深层次、互相信任的关系。

分段排练

舞台剧和电影演员会分段排练作品，深入、专注于某一具体领域。小提琴手会花好几个钟头练习一段尤其复杂的乐章。商务人员亦是如此。安吉·弗林-麦基弗（Angie Flynn-McIver）在其著作《在你开口之前》（*Before You Say Anything*）❷

---

❶　书籍名为本书翻译人员自译。——译者注

❷　书籍名为本书翻译人员自译。——译者注

中推荐了分段排练的方法。她强调，要单独练习自我介绍，[5]
单独练习如何在话题间过渡，再单独排练结束语。在正式上
台前，将所有片段串联起来，从头到尾排练几次，融入自己
的个性风格，合理安排时间。比如，有的人喜欢在吹头发、
开车或健身时进行分段练习。这对练习讲述故事、举例子或
练习话题过渡技巧尤其适用。

与好友通话

　　请联系一位导师或知识渊博的同事，让他为你提供有针
对性的反馈，告诉他你的具体需求："我正在准备一篇有说服
力的开场致辞，希望你能告诉我演讲的效果，或提供一些改
进建议。"别人明确了你的需求，才能更好地提供援助。我们
在指导女性时会让她们在桌上架起一部手机，录制自己的部
分演讲，或录制即将在线上会议发表的最新进展汇报。视频
或语音可以就你发言的节奏、重点、姿态、手势以及停顿提
供实时反馈，即使只是记录日常发生的新鲜事，也能帮助你
精细打磨措辞和节奏。

　　这些都是你可以培养的技巧。明确你的意图和结果，集
中心力，不断重复，以完善呈现效果，带你从"做对"走向
"永远不会出错"的终极境界。

要点总结：我们希望你知道

- 完成工作至关重要，你需要用准备和练习来打基础。

- 运动员、演员、音乐家、企业领导等专业人士一直在努力磨砺自己的技巧。你应以此为标杆，成为专才。

- 在开始练习前，明确你的意图和你想要的结果。

- 准备工作包括形成观点、准备好以有意义且积极的方式提出意见和问题。

- 不断练习，让自己永远不会出错，从而提升自信和个人影响力。

第六章

CHAPTER 6

试图单独行动

组建一个亲友团

> 若想走得快，便只身前往；若想走得远，便结伴而行。
>
> ——非洲谚语

"谁能成为你倾诉的对象？"娜塔莉（Natalie）沉默不语，绞尽脑汁地想要回答这个简单的问题，可脑海却一片空白。

娜塔莉四十出头，在一家大型金融服务公司任职，负责向企业高层汇报工作。尽管如此，她仍志存高远，立志晋升至企业高层。现在有这样一个机会就摆在她面前，可以让她向着目标迈进一步，但晋升职位在不同的部门，这意味着她必须走出舒适区，跳出自己的专业领域范围。娜塔莉还担心，接触新领域的难题以及额外的工作量可能会干扰她的个人生活。鉴于此，她久久不能决定晋升是否为明智之举。

"我不知道该怎么办，"娜塔莉对凯瑟琳说，"我不清楚它带来的风险和回报是什么。"凯瑟琳问娜塔莉，在做出这一重要决定时她可能会向谁寻求建议。"我应该能和你谈谈，"娜塔莉说，"我想，我还可以跟我的上司或一位闺蜜聊聊，但我的闺蜜并不了解我的能力或工作经验。"

凯瑟琳紧接着问，那还能向谁求助？她是否能找一位信得过的同事？以前的大学教授或学业导师？家庭成员？同行或来自不同行业的人？她在专业会议上结识的某个人？曾经帮助过她的前同事？

然而，娜塔莉只能想到一两个人——这是个麻烦。

职场盲区：没有任何一名女性是一座孤岛

许多女性太过关注自己的日常职责，以至于她们没有建立自己的团队（我们亲切地称之为"亲友团"）。这是一个严重的职场盲区，因为团队能为女性提供广泛、有价值的资源，以提高她们掌舵自己事业的效率。

我们用"亲友团"一词来形容一种大有裨益的职场人际关系网，我们要与那些提供可靠信息、支持和建议的人建立联系。你的亲友团可能会极大地帮助你"完成工作"。这意味着，你需要寻找能为你提供支援的人。他们能帮助你决定是否接管某个项目，建议你如何在会议上发声，如何更好地平衡工作和生活。当你试图决定是否加入某个团队或创建一个委员会时，当你推销自己的想法时，或当你艰难地权衡晋升是否有利于职业发展时，团队中的成员就会挺身而出，向你分享他们的思考与见解。在你挣扎、沉沦之时，你的队员会随时准备向你扔出救生索；当生活让你感到不堪重负时，你的伙伴会随时准备伸出援助之手。正是他们的支持让你保持清醒和理智。

我们辅导过的女性认为这种亲友团能颠覆游戏规则、扭转局面，因为团队成员能彼此支持，为他们的事业长青、职业生涯可持续发展打下基础。那些能拓宽你的思维、提供帮助、不断鼓励你的赞助人、导师、同事、家庭成员，他们组成了完备的阵营，让你可以更轻松、更高效地实现你的职业目标。

职场盲区的危险

在培训实践中，我们经常看到女性在缺乏帮助和支持的情况下，挣扎着发展自己的事业。事实上，你不能单枪匹马地博得一份成功的事业。若你想最大限度地发挥自己的潜力，培养自己向他人寻求帮助的能力就显得尤为重要。虽然你可以独自经营自己的事业，但结伴而行，可能会让你走得更远、事业更成功、心态更轻松。

缺乏团队支持可能会让你处于职场中的不利位置。以下是我们发现的一些单独行动带来的危险。

错失机遇

系统分析师杨阳（Yang Yang）、尼特什·V.乔拉（Nitesh V. Chawla），以及布莱恩·乌齐（Brian Uzzi）发现，女性事业成功发展的一个重要指标是拥有一个亲密的女性圈子。人际关系对男女来说都十分重要，但双方利用人际关系的方式却不尽相同。当谈到工作面试及工作事宜时，女性常常想知道企业文化是如何影响女性的，并认为"这类信息由其他女性提供再好不过"，布莱恩·乌齐如此说道。杨阳、乔拉和乌齐认为，这种"内部关系网"能带来机遇，并可以就女性正面临的特定挑战彼此交换建议。[1] 尽管男女双方都能从广泛的社交网络中获益，但事业最成功的女性往往会和关系密切、彼此信赖的其他女性单独建立、发展一个更小的"内部社交网络"。[2]

没有广泛的群众基础

罗伯特·艾辛格以及迈克尔·隆巴多在《职业架构发展规划师》一书中指出，过度依赖某一位支持者可能会让你的职业生涯脱轨。[3] 若你与一位支持者的关系过于密切，可能会被认为缺乏独立性、自主性或工作能力。若你的支持者发生了意外，或许就没有其他人知道你的能力和价值，了解你的技能和潜力。我们的学员之一玛利亚（Maria）就发现自己处于这种境地。她在一家大型全美制造类公司工作，最终拿下高级行政岗位，担任财务及投资主管。公司首席执行官一直以来都是玛利亚的忠实支持者，完全信任她的能力。但在首席执行官确诊癌症、突然卸任后，公司中的领导层重新洗牌。玛利亚孤身一人，没有同事、领导能站出来证明她创造的价值，力证让她保留原职的重要性。新的领导团队接手后，玛利亚被扫地出门。如果你只有一位赞助人或支持者，那么他发生了任何意外，你便会因失势而一落千丈。

信息匮乏

彼时，布伦达仍在银行业工作，她结交了一位"（据她所知）消息最灵通"的职业女性。这位女性时刻关注行业动态——谁获得了提拔，哪些产品正在接受审查，涌现了哪些新型客户关系，等等。她的消息四通八达，密切关注着周遭人的动态。更重要的是，她会共享信息，和她一起开会就好比在阅读许多新闻故事。布伦达自知不能企及她的高度，所以将她作为核心成员，纳入自己的团队。她们至今还保持着联系。"这些年来，她一直为我出谋划策，提供建议。和她谈话感觉非常棒。"布伦达说。所以，请寻找那些对信息、创意保持敏锐的人加入你的团队，她们都是无价之宝。你的团队能为你保驾护航，为你寻找潜在的工作项目和晋升机会。当她们得知你的需求，就能助你发现机遇，提醒你把握机遇，替你争取机会。

缺少职业导航

参与培训的大多数女性都是知识工作者，她们的事业阶梯并非呈一条直线逐级晋升。当今错综复杂的、呈矩阵式的、互相制衡的企业结构发展尚不完备，仍有大量空白地带。你需要开动脑筋，才能找到事业进阶、实现野心的最佳办法。你的人际关系强大，才更有可能获取有关最新交易、商业趋势、企业并购、企业重组、职位空缺、发展颠覆性技术的内幕信息，帮助你思考如何掌控你的事业。

动力不足

我们曾辅导过许多过度疲劳的女性。长期以来，她们就像独自出海的水手一样逆风航行，试图在没有航海经验的情况下抵达目的地。在沮丧、疲惫的情绪伺机而动，当你面临感觉不可逾越、堆积如山的挑战时，你的团队能成为支撑你的坚固磐石。在一次令人印象深刻的培训课上，有一位疲惫不堪、士气低落的学员说自己的工作陷入困难时期，为此她夜不能寐。她倾尽全力想要保护自己负责的团队，但她却感觉孤立无援、独木难支。她没有精力顾影自怜，且无人对她伸出援手。她的生活已经被工作吞噬。在培训课上，这些情绪排山倒海般涌来，让她不禁落泪。她的"油箱"已经见底——她已没有了支撑的动力。

研究证实，[4]职业倦怠❶会让你感到无助，在当今社会更是如此。我们明白：持续不断的自我呵护以及他人的支持，将决定我们是否能保持状态、挺过危机，抑或是每况愈下。研究表明，培养"韧性"、避免出现职业倦怠的方法就是建立强大的社交支持体系。[5]

---

❶ 职业倦怠（burnout）指的是个体在工作重压下产生的身心疲劳与精神耗竭的状态。——译者注。

只和与自己相似的人交往

物以类聚，人以群分。人们倾向于和共同点更多的人交往，这一点再自然不过。但这也许会阻碍你获得全新的经历和体验。所以要和世界观、个性与你不同的人来往，这一点很重要。你的团队成员应该与你的风格、背景、观点、知识储备不尽相同。独特鲜活的面孔能拓展你的思维，因此多样性非常重要。我们的一位学员就常常与她的一位同事联手合作，后者能在压力下维持平心静气、有条不紊，从不会轻易乱了方寸。因此该学员将她的同事纳入了自己的团队，渴望能培养同样的能力。我们许多人在成长过程中，身边总是围绕着与自己十分相似的人。但如果你和那些有着不同知识储备、技能、能力、文化背景、观点、个性的人来往，并了解他们的行事方式，就能获得更多学习机会。此外，相关学术研究也表明：成员多样化的群体能做出更好的决策。[6]

记住你是谁

团队能助力你事业腾飞，但它带来的回报远不止于此。困难时刻，需要有个人让你记住自己是谁；当你开始质疑自己的选择时，需要有个人让你重新找到自己的定位。例如，布伦达在银行业经验资深、事业有成，她经常帮助金融机构改善客户体验。后来，她接到前同事来电，彼时前同事正任职于美国教育部，他希望布伦达能成为教育部首任首席客户体验官，改变美国学生贷款现状。这一邀请让她受宠若惊，客户体验也恰好是她得心应手的领域，但布伦达从未考虑过在公共部门工作。随着进一步交流，布伦达看到了这一愿景：她希望改变年轻一代的生活，而这一职位和平台恰好提供了机会。入职后，布伦达担心自己忘记来到华盛顿的初心，于是当她感到气馁或质疑自己的工作时，她总是会向团队求助。许多时候，布伦达的团队都会挺身而出，让她重新看到自己的初心和目标。布伦达说，没有团队，自己肯定不会像现在一样有效率、对自己的新角色感到满意。尽管最后她辞去了职务，但直到今天，她的团队仍会不断与她分享智慧，为她提供支持。

　　当你需要放手一搏或重塑自己时，你需要记得自己是谁。在改变的过程中，你一定会再次质疑自己是否做了正确的事，看看你是否还有胆量尝试不同的东西。当你想要或必须做出转变时，你的团队会坚定你的决心，让你脚踏实地，昂首前进。

教练临场指导

以下问题将帮助你反思自己的处境：

- 谁能帮助你掌舵职业生涯？你如何将他纳入自己的团队？

- 什么阻碍了人们为你提供帮助？

- 你将采取哪些新措施来构建你的支持网？

- 你如何与团队成员互利共惠？

- 你将如何创造时间和空间来发展、维持自己的人际关系？

策略

有目的、有重点地发展人际关系能为职业发展带来优势。首先列一份清单，写下你认为有潜力成为团队一员的名字。他们也许是值得信赖、消息灵通的人，或许是能帮助你干实事、影响你思维和行动的人。浏览你的社交媒体账号，寻找和你有联系且有潜力成为团队一员的人。

根据你的名单，将自己定位的人选分门别类地纳入自己的团队（见图5）。记住，团队成员关系可以彼此重叠——成员被纳入不同的类别也可能成为一种优势。最重要的是寻找、培养那些有能力提供帮助、建议和支持的人，同时你也能给予同等的回馈。在本节内容中，我们将一一讨论图 5 中囊括的所有成员分类。

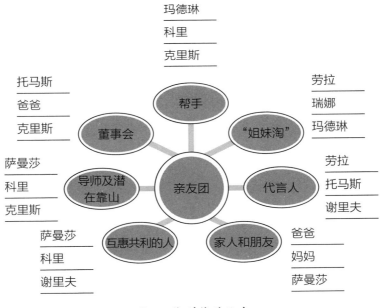

图 5　找到你的队友

一个"董事会"

不要担心，我们说的不是那些经营公司、为股东操心、可以聘用和解雇首席执行官的高薪人士。"董事会"只是一个比喻，并非通过会议进行决策的正式团体。然而，当你需要帮助和指导时，这样一支人员多样、专长多元化的队伍就是难得的财富。他们熟知你的情况，知道你面临的困难，或认为自己是你成功的利益相关者。他们不必互相认识，而是像公司的董事会成员一样，当你提出棘手问题时，他们会帮助你制定战略，因为他们了解你的为人和处境，并了解企业的组织架构。

靠山

靠山指的是那些愿意替你说话的人。他们愿意动用手上的权力，安排你加入重要项目团队；或愿意寻找领导职位空缺，并坚持让你获得晋升。组织行为学家赫米尼亚·伊瓦拉（Herminia Ibarra）指出，研究表明，男性拥有靠山的数量比女性多得多。[7] 如果"靠山"的概念带给你无力感或过度依赖感，那么你可以换个角度，将他们看作"联络官""支持者"。他们知道你能带来的价值，因此愿意施以援手。我们曾辅导一位女士，她在企业高层有一个强大的靠山。当被问及提拔高层领导的人选时，他立即认定了这位女士。"你还有其他人选吗？"有人问。"没有，"他坚定地答道，"相信我，她就是你需要的那个人。"

代理人

这些人能够积极向外推荐或提及你的名字，将你引荐给合适的人。他们会准备充分的理由，说服他人让你拿下项目并担任某个新角色。这些人扮演的角色与靠山不同，他们更像是为你服务的个人广告公司、啦啦队，为你的优点和成就背书。换言之：他们在找机会推荐能干的女性，形成一个良性循环。

导师

这些人是有价值的思想伙伴，他们深谙职场政治之道，可以为你提供实用建议。准备并愿意和你把问题谈开，让你尽可能地从多个角度思考、剖析问题。导师能带你了解企业文化，以避免你无意间的举措失当或犯错。例如，凯瑟琳曾辅导过一位女士，同行都认为她精明能干。许多人都认可这是一种很好的品质，但她的行事风格却有违强调协作精神的企业文化。当她从导师口中获知这一反馈后，她立马调整了自己的工作方式，持更加开放、包容的态度，让自己更高效地融入团体。不过，有一点要记住，女性常常会受到过度指导，从而缺乏充分的支持。[8] 当你与你的导师建立起信任关系时，你可以将他们转变成你的支持者。

代言人

找到相互支持的女性，讨论合作方式，在会议或其他舞台上提高你们的声音。当某人试着抛出某个想法时，你可以重复其观点，聊聊优点，或是夸赞第一个提出该想法的人，以此来保持讨论的热度。找到其他能用相同的方式帮助你的人。这一方法对于奥巴马执政期间白宫的高级女性官员十分受用。行政核心出现女性面孔具有开创性的重要意义，可即便如此，男性在数量上仍占主导地位，女性依然需要和潜意识下的性别偏见做斗争。女性们联合了起来，她们采取的策略是：重复对方提出的想法或评价，强调立下功劳的女性的姓名。这不仅能让男性看到女性做出的贡献，也能防止他们抢走女性的功劳，宣称自己才是某个想法的原创者。[9]如果你是会议上唯一的女性，看看是否能争取一位男性同事的帮助。

具备商业智慧的人

具有良好商业头脑的人能帮助你了解行业潮流趋势，在商海中乘风破浪，做出更好的决策。我们有一位同事，下至整个公司、上至整个行业，遍布着她建立的信息渠道，这种广泛的信息流帮助她了解了所在行业完整的发展情况。

互惠共利的人

凯瑟琳升职后，她的身份突然从领导力培训专家，转变成整个企业的培训与发展主管，管辖范围包括运营部、技术部和财务部，但她对这些部门知之甚少。意识到自己需要快速了解这些部门，她给运营部的珍妮特（Janet）致电以寻求帮助，珍妮特则回应道："你知道，很久以前我就想让你来培训我们部门的员工。"凯瑟琳答应把培训珍妮特部门的事放在首位，作为交换，珍妮特则保证，只要凯瑟琳需要任何关于运营部的信息或专业知识，珍妮特都会一一为她解答。这种交换并不仅仅局限于女性之间，你的目标应是：培养自己寻求帮助和给予他人帮助的能力，实现双方互利共惠，从而惠及企业发展。

"姐妹淘"

有时，你只是需要一个愿意听你倾诉的人，就着一杯咖啡或葡萄酒抒发你的愁绪。当你需要抒发心中不忿、找灵感、制定新策略时，你的"姐妹淘"就会在你身边支持你。尤其当你是高级领导层中屈指可数的几位女性之一时，她们会帮助你应对工作中的微歧视❶。"姐妹淘"的成员不必是在职场叱咤风云的人物，你要找到那些能理解你、义无反顾帮助你的人。在紧急情况下，她们会帮你照顾孩子。当你手足无措时，她们会坚持让你放松休息，让你保持理智、冷静。当你事业告急时，她们是你寻求帮助、帮助你厘清问题的对象。

家人和朋友

不要忘记那些爱你、关心你的人。家人和朋友是你的后盾，那么当你失落时，何不享受他们对你的爱和支持？有时候，最了解你的人往往能为你提供最真实的反馈。某一天，凯瑟琳又在和好朋友吐槽一位难搞的上司，对方提出了一个简单问题："他的行为让你感到很意外吗？"这个问题让凯瑟琳茅塞顿开。她意识到，总是去埋怨一个永远不会改变的上司，并不是利用自己时间和精力的上策。让家人、朋友了解你的愿望和目标，他们才会知道如何为你提供支持。向他们

---

❶ 微歧视指基于对少数或弱势群体的刻板印象，做出轻视、怠慢或侮辱的反应或评价，是不易被人察觉的细微的歧视行为。——译者注

分享你的成功和辉煌、你所历经的考验和挫折。

帮手

如果你感到分身乏术，那就意味着你的工作负荷过重，这将危及你出色完成工作、维持事业稳定的能力。若你资金充足，你可以聘用人员为你分担工作，从而让生活更轻松，不必因社会对你的期望而感到愧疚。托儿所、家政服务、理财服务、税务管理、餐厅外卖、私人购物服务能帮助你更好地分配自己的时间和精力。记住，你的时间很宝贵。我们与许多女性交谈过，她们都感觉自己在超负荷工作。想一想，为了腾出时间专注工作，你可以将哪些事委托给他人完成？专注工作能让你创造更大的经济效益。做你最擅长的事，其余的事交给他人。

阻碍我们前行的故事

在我们的培训课程中，我们常常听到同样的话：

- 我没有时间去建立人际关系，即使这样做了，我也没有时间去经营它。
- 如果我向别人求助，别人会认为我能力太弱。

- 那些能帮助我的人都太忙了。

- 我觉得这太矫情了——其实我一个人也行。

- 花时间组建团队会分散我的注意力。

寻求帮助时，恐惧可能成为很大的阻碍。一些女性经常告诉我们，她们担心求助会被认为是懦弱或不自信的表现。我们辅导的许多女性都是人群中的"独特"存在。作为人群中唯一的女性，她们想要融入团体，就要耗费更多精力，让自己的行事风格和大部队相匹配，从而被他人接纳。她们往往不能意识到向同事、盟友和其他人士寻求帮助的重要性。

女性通常被灌输这样一种观念，即自给自足是至高无上的美德。她们将"若想把事情做好，那就自己行动"的话奉为圭臬。相比于男性，她们寻求帮助和建议的频率要低得多。女性持有这一态度意味着，她们常常不会将职业发展看成一种团队活动，尽管事实的确如此。如果你总是单枪匹马地在赛道上奔跑，那么你的事业发展很可能会因此受到影响。

许多商界女性对"人际关系网络"一词敬而远之，因为她们认为这是个贬义词。我们辅导过的许多女性都认为这种关系网是"矫情的""虚伪的"，乃至"听起来太权谋了"。有时候，她们会直接说："我不擅长经营人际关系。"我们发现，重新定义这个词语很有必要。这只是一种人际关系网，其中有些人与你只是泛泛之交，有些人和你亲密无间；他们有的是同事，有的是导师，有的能和你互惠互利。我们发现，当和女性谈起构建人际关系的重要性时，她们就会说："我很擅长那样做。"

重塑的力量：一个新的故事

玛丽三十来岁，在一家大型保险公司任职。在我们对她完成的专业评估报告中，人人都说她的人脉遍布公司乃至整个行业。她的同事们会说："她不是那种坐井观天的人。她在公司乃至整个行业都有许多人脉。她知道如何将工作做完、做好。"人们认为她发展和经营人际关系的能力以及她利用这些关系的方式是一个巨大的优势。

当布伦达问玛丽她如何做到这一点时，她说，她从大学时期就已经开始这一实践了。大学期间，她获得了学校奖学金，并迅速意识到，要想出人头地，自己必须利用手头所有能想到的资源。她很早就明白一点：她需要为自己的团队招揽各种各样的人，这样才能实现自己的学术目标。玛丽将这一态度融入工作中。大学毕业后，她在校期间发展的人脉帮她找到了第一份工作，随后的职业生涯中她也在继续利用团队的力量。

你可以摈弃自己的受限心理，换个角度来看待"寻求帮助"的行为。让他人加入你的团队不仅能帮助你，也能为他人带来好处。

你可以寻求帮助

向他人提出请求，尤其是当你有意或无意地害怕这样做时会让你显得很软弱，或许会让你觉得自己露出了破绽。但这样做也是力量与勇气的体现。你可以请求他人引荐，询问他人对某事的观点，请求由自己来负责某个任务，或要求他人协助你，将自己的想法传达给其他员工。如果你不主动询问，那又如何知道自己能获取什么帮助？如果有人拒绝了你的请求，试着不要把它放在心上，你可以问他是否知道有其他能帮助自己的人选。接着再次尝试，也许其他人会欣然应允。若进展不顺利，那就多尝试几次。我们要坚信"再试一次"的力量。勇气就好比肌肉，用的次数越多，它就越强壮。同理，你向他人求助的次数越多，这个过程就会变得越容易。

不要过于谦逊

宣传自己、谈论自己的目标和能力，是帮助他人了解你的为人和目标的好方法。坦率地说出你的强项，给他人带来有用的信息。指出你所取得的成就，强调你的技能和才干。

明确自己的目标，找机会跟别人聊一聊，让他人有机会为你提供建议和帮助。如果他人不知道你的目的，就无法给予帮助。所以，你要明确自己的需求，让想要帮助你的人清楚得知你需要哪些有用的信息和机会。

给人们一个展示善意的机会

请求他人的帮助和建议能展现你人性的一面，这代表你心态开放、愿意成长。请求或给予帮助和建议，说明你了解自己的为人。向他人求助，邀请他人加入你的内部圈子，能成为他人获得满足感的源泉。你可以这样想：何必剥夺他人为你效劳的机会？

如果你还没有意识到团队的力量，只要从现在开始做起，那就永远不会晚。让我们来探索一下如何才能找到你的团队成员。

教练临场指导：规避职场盲区的技巧

保持联系

我们辅导过的许多女性在意识到自己没有投入时间来经营人际关系时，都会感到些许尴尬、窘迫。当她们想要跳槽、寻找潜在客户或者寻求帮助时，就会暴露这一显而易见的问题。用一张纸条、一封邮件、一段文字、一次快速通话或语音留言，与他人时常保持联系，不要等到有求于人的时候才联络对方。

不断更新你的名单

如果你的事业刚刚起步，准备一份短小精悍的人员名单对构建你的团队大有裨益。打个电话，相约一起喝杯咖啡或聚餐，写一封恳切真诚的邮件。要有针对性、有重点地和同事开展对话，要让他人知道你正在寻求帮助，并保证自己愿意与对方互惠共利。随着你事业的发展，你的名单会随之扩展。要定期审视自己身处的环境，找到能相互支持、互惠互利的人。拟定或审查名单时要提出问题：你的团队成员是否多元化？是否包括年轻人、前辈，以及性别、种族不同的人？他们是否互相认识？（不认识更好。）你的团队成员会为你的成功提供信息和支持吗？要不断增加人员，因为新鲜的面孔能带来新的见解。

双向奔赴

人际关系就像家庭盆栽或花园一样，需要你时常打理、照顾。与人保持联系很重要。定期与你的团队成员联系，聊聊他们的近况，看看你能提供什么帮助。女性有时会说："这么多年过去了，我不能突然给别人打电话！"为什么不能呢？如果你感觉尴尬，那就找找联系对方的理由。这些人看重什么？你能否为对方介绍业务？你能在社交平台或校友新闻上看到（或找到）关于他们的消息吗？他们是否有可以留下评论的博客或播客账户？其实大多数人都乐意与旧友重拾联络，当朋友前来祝贺或在某些方面给予帮助时尤为如此。

为你的职业发展招贤纳士

当你在学校时，你会和辅导员交流、选择课程、评教，并征求作业反馈。同理，你也应该和你的团队结伴而行，与他人谈论你的目标和挑战，征求意见和反馈。当你基于反馈实现了进步时，要及时向对方反馈新进展，以表明你对他人帮助的重视，以及你对经营事业的赤诚之心。

在日历上留出空当

如果你在日历上为通话、写便条、写电子邮件或发短信预留出特定时间，那就能更好地建立、经营人际关系。将"经营人际关系"列为日常待办事项，当你突然有了空闲时间，比如会议被取消或改期时，就能利用这一空当来完成。如果你的日历或任务列表安排得很紧凑，你可以花几分钟写下自己需要完成的所有事情（不管是工作还是为孩子购买新的学习用品等）。回顾这份清单，丢掉你的女超人身份，问自己能将哪些任务委托给他人？哪些任务可以推迟完成？能删减哪些任务？这样做能为你腾出时间、补充能量，减轻工作负荷。

同样，成功的事业离不开团队。积极扩展你的队伍，让他们知道你想做什么，然后让团队提供帮助，并想方法来帮助你的团队。如此一来，你的职业道路将变得更加顺利，一群与众不同的人将丰富你的生活。

要点总结：我们希望你知道

- 在你的职业生涯中，单枪匹马地去搏斗是效率低下的、令人疲惫的，而且没有必要。如果你想拥有可持续发展的繁荣事业，那么你需要的不仅仅是一些人的帮助，而是很多人的帮助，应与他们建立互利的关系。

- 寻求和给予帮助可以成为事业成长力量的巨大来源。

- 扩展你对建立人际关系的思考方式，你应该让团队成员多元化。这些人都可以成为你的团队成员：导师、顾问、啦啦队、可以依靠的人，等等。

- 清楚你的能力和职业目标，并将其传达给你的团队成员。

- 有意识地培养你的团队，安排时间与你的团队成员保持联系，帮助他人，维持长期关系，并建立新的关系。

第七章

CHAPTER 7

临别赠言

事业需要刻意经营

在本书结束前，我们必须聊聊每个工作场所、每个家庭都避之不谈却又显而易见的问题。如今，这个问题有许多代号——工作生活平衡或工作生活步调一致。不管用哪一种方式来形容，它都是所有人挣扎着想要解决的问题。在我们辅导的所有女性中，这个主题反复出现。想办法将你的事业与个人生活有机地结合起来，是当今人们追求的理想境界。不乏有人将这一问题诉诸笔端、畅叙倾吐，尽管如此，在这个风云变幻的世界，人们对平衡工作和生活的挣扎却从未停歇。

若此刻你也深陷其中，请记得：你没有疯，也不是独自一人在战斗。本书主旨在于帮助女性培养能力、建立信心、明确方向。我们深知，工作和家庭的压力就好比一股涌动的暗流，可能让你偏离航线，或将你吞噬在暗流之中。

我们并没有简单的解决方案——我们也希望有这种方案存在。但每个人的情况不尽相同，因此无法提供一个适用于绝大多数人的万全之策。但我们相信：根据我们与许多学员多年来的经验来看,更加关注我们前六章讲的六大职场盲区并采取有针对性的战略去一一克服,就能让你稳扎稳打、培养个人能力,甚至实现工作与生活的平衡。实现这一点并不在于时间管理,而在于明确自己的志向、划清工作和生活的界限。这需要你进行持续、专注、投入的练习。

找到适合自己的宏观、微观战略。了解自己的需求和方向,与了解自己的特质和不同点一样重要。表4为我们提出了可供练习、培养习惯的建议,以帮助你培养实力、保持理智清醒。

表4　刻意经营事业的方法

概念	步骤
明确价值观	使用价值观评估工具
谨慎做出承诺	审核你的计划表、日程表或日历 练习如何拒绝 商议回应时间
重新构建你的期望	寻找新方法来获得你在家庭生活中想要的东西
建立决策标准	根据你的价值观和优先事项来评估事件和机遇
通过谈判来实现弹性工作	要求弹性工作,以便能满足你需要的生活质量
索求资源	确定你需要哪些资源来完成你的目标,并要求获得这些资源
把自我关照、内心自洽放在首位	把你需要的东西列一份清单,以达到最佳状态;把让你感到疲惫的东西列一份清单,然后明智地做出选择
召集你的团队	打造个人专属的后备支持人脉

明确价值观

你的价值观是指引你做出选择的北极星。若你不知道如何界定、阐明自己的价值观念，许多可用的在线评估表，可以帮助你审视、明确重要事项。在网络上搜索"价值观评估"一词，找到适合自己的评估工具。当你确定了自己的核心价值后，你将更轻松地专注于真正有意义的事，发挥出最佳状态。

你的价值观越明确，冲突矛盾就越少。我们常看到女性在一种或多种价值观念发生冲突时陷入两难境地。但当你明确了自己最重视的是什么时，你才能权衡利弊，做出最明智的选择。要做到这一点，你必须明确自己的价值观，知道采取什么行动才能恪守初心。生活安稳、创造财富、精神富足、他人认可、无私奉献、追求权力等都是不同的价值观，这些观念不断涌现，是造成你工作、生活失衡的根源。而这也正是明确价值观、做出选择如此重要的原因。

我们的一位学员知道，要在企业中实现自己的职业目标，她必须肩负起更大的责任。她是两个孩子的妈妈，在家中还要帮忙照料婆婆。家庭和工作对她来说同等重要。于是她纠结万分，必须思考该如何实现两者的平衡。

谨慎做出承诺，答应请求前多加考虑

我们辅导的大多数女性都不存在时间管理的问题，却总是做出过多承诺。你也许会出于好意答应他人的请求，因为我们愿意为他人排忧解难，充分发挥团队精神，努力做到最好；而拒绝他人，则可能会让那些你在乎的人或领导失望而归。常常讨好他人并不是健康的行为模式，亦不是什么长久之计。你的精力可能会被消耗殆尽，你眼中的焦点也开始变得模糊。工作倦怠将带来巨大的风险。审视你的日程规划表——狠下心来，剔除不必要的事项！在规划表上每看到一项活动或会议时就反问自己："这符合我的价值观吗？它能帮助我实现目标吗？它必须由我完成吗？"如果不能，那就想办法删除这项任务，或将其委托给他人。你可以认为，其他人也能从你的这种行为中受益。

凯瑟琳辅导过一位女性，她曾花费大量宝贵的时间用于安排每月的团队会议。她本可以将其委托给更年轻的助理来完成，她也理应让助理接手，让后者从组织团队会议中获益。如果你一定要亲力亲为，那你是需要尽快完成，还是可以将其延期？布伦达曾辅导过一名女性，起初她因为需要照顾年老的家人，所以将升职计划推迟了一年。经过辅导后的她权衡了利弊，意识到自己如果分散注意力和精力，一定会无暇顾及事业，使成功难上加难，还让自己精疲力竭。于是她重新拟定了晋升生效的日期。

练习如何拒绝

太多次应承他人的请求后，学会如何拒绝就成了你的必修课。请记住，你拒绝的方式很重要。如果可以，在保证实现自我目标的前提下，为向你寻求帮助的人提供解决方案。"我知道完成今年设定的财政目标很重要，但我也确实需要专注于实现团队目标，所以现在我不能为财政目标投入百分之百的精力。如果你感兴趣的话，我认识一个人，他兴许能成为你的帮手。""我知道你很在意这件事，并且这对实现你的目标很重要。所以，我很乐意跟其他人谈谈，为你安排资源上的帮助。"

商议回应时间

当你感觉自己不得不快速给出回应时，你会进一步陷入"是答应还是拒绝"的两难境地。尤其当你不知道自己的承诺是否将为你的生活带来更多压力时，这种纠结感会进一步加剧。布伦达曾辅导过的一位女士坦承说道，她就有这种"秒回"的习惯，并认为这是她声誉和人设的一部分。每当主管提出要求时，她就会立马跳起来投入工作。例如，她会为了一份文件工作到午夜。交付文件后，她的上级回应说："谢谢你，你的工作表现一如既往的出色。"她回答道："我只是希望能尽早将文件交给你。"上级听到回答时则十分惊讶："太好了。但其实下周我才需要用到这份文件。"这件事让她明白，自己不必将所有事情都看成是"消防演习"。她不必事事都给出即时回应，而是要确定具体的工作交付时间，以便合理地规划日程安排。

重新构建你的期望

布伦达曾辅导过一位学员，她和丈夫经常出差。他们育有两个孩子，每当一家人聚在一起时，他们希望能将晚餐作为亲子团聚的时光。但现实却不尽如人意——下班后他们要去看足球赛，或去不同的地点陪孩子参加课后活动——这使她精疲力竭，感觉自己不能做好理想的母亲角色，并开始质疑自己应对所有事情的能力。从小到大，她的家庭总是会在晚餐时与家人交流和联络。为什么亲子团聚时光非得安排在晚餐时间？当她意识到，一家人常常在早上聚在一起时，他们一家决定，将早餐时间作为亲子团聚的时光。他们开始了一项传统，那就是在每个人出发开启一天的学习和工作之前，都要一起来份煎饼或鸡蛋。所以当一种方法行不通时，你可以发挥创意、另辟蹊径，以满足你的需求。

建立决策标准

思考你的目标，并在思考时考虑你重视的事物。我们曾有一位学员每周都被淹没在大量的工作邀请中，她经常为同意参加的活动感到不知所措，又为不能参加某些活动而感到内疚。在接受辅导后，她决定制定一项规则，每周只参加一次晚会或早会。她仔细评估了每一次活动，看看哪些最为符合她的价值观和优先事项，并礼貌地回绝了其他活动的邀请。

通过谈判实现弹性工作

这一点很重要。在我们开展培训课的每个企业、每个接受辅导的女性团体中，我们观察到，女性对重大事项进行谈判以实现弹性工作的意义重大。有的女性会商量在某个时间点离开办公室，接孩子放学后，在傍晚时分重新投入工作。其他人则要求在出差行程安排上提供更多选择。你在加入一家新企业、接受新的工作角色之前应商议弹性工作事宜。当你确定了几个重要的工作要素后，你就能通过谈判实现共赢。

索求资源

据研究和我们的观察显示，女性并不会常常提出请求，而当她们这样做时，提出的要求也并不高。[1]我们向接受辅导的女性提出了这一策略：描述你的需求，提出解决方案，坚持自己的立场，最后达成协议。提出要求的重点在于获取更多的资源、人力、额外预算或弹性工作时间表。也许你需要通过一次或多次的对话交流，讨论你目前的处境，以及需要摆脱的事务，从而掌控自己的生活。通常情况下，当学员完成这些对话后会向我们汇报成果：上司对她们的请求欣然应允。

把自我关照、内心自洽放在首位

当事业腾飞时，你有何感受？当你只能勉强支撑自己时，心情又会如何？没有人会永远处于其中任意一个极端，但你能一直将实现前者作为自己的奋斗目标。列出一份清单，阐明能让你保持健康、理智的事物，以及在什么条件下你能达到最佳状态。接着制作一份清单，列出让你筋疲力尽的事物。

将两份清单进行对比，并明智地做出选择。研究表明，从长远来看，工作效率最高的人是那些时不时停下来、歇歇脚的人。

召集你的团队

如果你目前尚缺少一个支持体系，那就考虑一下你可以求助的人选，思考能拉拢哪些人加入你的团队，以更好地平衡工作和生活。在布伦达的团队中，每当有成员求助以做出事业相关的决策时，就会用"事业告急"作为联络代码。其他伙伴收到短信后，就会陆陆续续地给她回电话，以交流想法、提出创造性的解决方案，贡献自己的一臂之力。

在团队中，除了获取安慰、同情、共享资源之外，大家也会坦诚地倾吐内心真实的想法。

凡事都有失去平衡的时候。事实上，保持平衡根本就是一种幻想。我们的生活充满了动态变化，许多事会同时发生。如果你已经评估了自己的价值观，并将其置于优先位置、建立了自己的支持体系，那么你应该清楚地知道如何在必要时刻重新调整自己的节奏。你需要有意识地采取行动，确保你的价值观和目标一致，并不断地进行练习。经过不断实践后，你一定会看到不同的结果。

结论

点燃你自己的
扫帚

> 我声音响亮，并非为了尖叫呐喊，而是为那些没有话语权的人发声。若另一半人被拒之门外，我们永远也不能实现真正的成功。
>
> ——马拉拉·优素福·扎伊（Malala Yousafzai），
> 诺贝尔和平奖获得者和活动家

我们知道：女性领导者愈多，世界就愈美好。

人们对更多女性领袖带来的益处进行了广泛研究和记录，并通过本书的行业案例得到了有力证实。高效的女性领袖能激发创新、保持赢利、控制风险，同时营造更加包容、多元化的工作环境。这些女性领导者懂得如何让自己的事业蒸蒸日上，她们参与高层管理亦让企业变得更加强大。

我们热切地希望所有女性读者都能成为其中一员，并坚守住自己的领袖位置。我们深信，本书概述的策略会让你的事业加速发展，使你早日成为领军人物。我们看到数以千计的学员都已经如愿以偿，我们有信心，你也能实现理想。

我们希望有一天，这本书会销声匿迹。因为在那时，商界将充满了高效的女性领袖。我们知道世界永远不会停下变化的脚步，会不断影响我们工作的方式——新冠疫情就是个鲜明的例子。但这只会激发我们的热情，我们帮助女性获得成功的愿望从未如此坚定和迫切。

据调查研究和数据显示，我们还有很长的路要走，女性不能独自踏上这条路。我们想强调一点：在商界掀起一场积极变革不仅是女性需要承担的责任，所有人都要为此加倍努力，来提高人们对女性领袖的认识，改变企业文化和政策。这也是我们撰写本书的原因。

女性要成为更优秀的领导者，意味着要学习技能、寻求机遇，充分发挥自身长处。试想，如果你观点明确，有远见卓识，熟悉自己的个人成长故事，那你最大的价值是什么？我们鼓励你采用成体系的方法来做好准备、进行练习，并轻松地展现你的能力。你的自信和影响他人的能力将会带来变革。在你的职业生涯中，我们也鼓励你慷慨地回馈他人。

女性这样做的好处我们已有目共睹。比如，我们常常谈起达丽雅（Dahlia），她常年参加我们的领导力培训课程。在最初相遇时，她已是雄心勃勃、抱负不凡的高级领导人物。辅导课上，她信心十足地说出了自己希望担任公司首席执行官的愿望。听到这里，其他学员都讪讪地笑了起来——她就这样光明正大地说自己想要当公司的首席执行官？其他学员的表情仿佛在说："首席执行官！亏她想得出来！"而今天，她的工作职责是直接向公司的首席执行官汇报公司进展，她也改变了自己的愿望。现在，她想要成为董事会主席，因为"这是个更好的职位"。尽管她和丈夫必须同时兼顾家庭、工作、照顾孩子，但她也从未放弃对自己目标的追求。

达丽雅将本书列出的策略称为加速职业发展的"魔法"。她首先构建了一个愿景，并一直寻找提高自我觉察能力的办法。时至今日，她仍然会积极主动地寻求反馈，不断对自己进行 360 度全方位评估。她建立了自己的声誉和人设，为自己取得的成就去创造故事，并在适当时机随时准备与他人谈论分享。她一丝不苟地准备和练习，并组建了一个团队，每当她需要思想伙伴、顾问或想要倾诉时，总是能寻求团队的帮助。这就是刻意经营事业的意义所在。

要刻意经营你的事业，首先就是要明确你的目标。但记住，你的目标并不会一成不变：你的目标也许、将会、应该发生改变。但在改变发生前，明确当前的目标仍然是重中之重。培养自我觉察能力、主动寻求反馈，这些对你的帮助是无价的，可以帮助你校正方向。明确你的声誉、为其付出必要努力，并将自己的人设和目标广而告之，以提醒那些能帮助你的人。找到你的团队并借助他们的力量。你也可以为"团队"冠以不同的称呼，但要确保你身边的人有着多元化背景、观点，他们思维清晰、相互支持，愿意为你提供真实的反馈。

将书中的各个策略融会贯通的过程就好比烹饪佳肴，你可以放入自己的食材。如何调味、搅拌也很重要，再加上各色香料搭配，经过文火慢炖，烹饪出一道好菜。

从现在开始，专注于你目前的处境，思考你现在能采取的行动。试想，如果你能坚持不懈地出色运用一种或多种策略，那么可能会取得什么成果？你的位置会发生什么变化？你可能具备什么样的影响力？有多少人将听到你的声音？从运用一种策略着手，不断实践，待熟练掌握后再尝试运用下一种策略。我们为你提供了许多策略，但我们需要重申：别让自己太累。我们知道你有许多事情要做，因此，你只需要挑出一到两种策略，集中精力、不断练习，便能带来巨大的改变，即使是微小的改变也能帮助你取得进步和成功。

如今你积累了认识，并能为此付诸实践，记住，你并不需要同时把所有问题都一网打尽。寻找那些阻碍你刻意经营事业的职场盲区，将一到两种策略融入自己的日常工作，并反复练习和实践。正如学习新技能一样，当你形成了肌肉记忆，它就会成为你的一部分。等你能熟练运用一种策略，就着手运用下一种策略。经过时间和耐心的沉淀，再加上掌握的新技能，经营你的事业就会变得更轻松、简单。你能以崭新的面貌，掌握自己的事业和发展成果。

扫帚的火光不减。我们挥动着燃烧的扫帚，为你助威声援。我们也鼓励你点燃自己手中的扫帚，为其他女性照亮前路。

勇往直前、登高望远、果敢无畏，我们期待看到你创造的世界。

我希望我知道　讨论指南

　　我们知道，高效领导者总是会花时间来进行回顾反思。我们想将这一能力推荐给任何想要提升自己的人（见图6）。现在你已经阅读了职场盲区、策略、教练指导部分的内容，就可以单独反思或与他人一起讨论以下问题。我们都能从这种团体讨论中利用他人经验、整合所有优势，并有所收获。

个人思考指南

你为什么阅读这本书？

根据以下问题给自己评分，思考你给出分数的原因。

- 书中的哪些故事最能引起你的共鸣，为什么？

- 你对哪些策略感到最有信心？

- 你对哪些策略最没有信心？

- 你认为哪种策略会给你带来最大的提升？

- 你内心的声音是什么？它如何影响你的行动或决定？

- 你能找出你对自己叙述的故事或造成职场盲区的受限心理吗？

- 你将在职业生涯中运用哪些策略或教练指导？

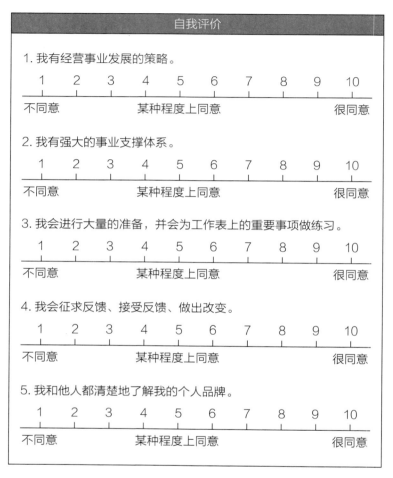

图 6　自我评价

- 既然你已经意识到了自己的职场盲区，你需要对自己的故事做出哪些改变，以便能够向前迈进？

- 你倾向于向谁寻求事业上的支持和建议？你如何扩大

这个名单?

● 你可以采取哪三项行动,以对你的职业生涯带来长远的影响?

● 为了获得成功,你需要增加什么工具来经营事业?你可能需要放弃哪些东西?

小组讨论指南

● 书中有哪些关于女性领导者或工作的内容与你的处境很相似?

● 你认为职场中什么会阻碍女性领导者最大限度地发挥其影响力?

● 谈一谈女性成就被低估的情况,并提出要做出哪些改变,以强调女性做出的贡献?

● 职场中女性该如何相互支持?应该采取什么措施来增加女性领导者的数量?

● 谈一谈书中的哪一则故事最能引起你的共鸣?为什么?

● 分享自己需要解决的职场盲区,以及你即将采取的策略。

● 在分享个人经历时,分析自己与团队成员经历的相同点和不同点。

- 谈一谈书中提到的女性提升自身影响力的方法。哪些方法和你的经验产生了共鸣？

- 你还可以通过哪些方式来帮助、支持你身边的女性，以帮助自己和他人培养领导力？

- 谈一谈他人对你的事业带来的积极影响，或你影响他人事业发展的方式。哪些行为是真正有效的？

- 你从这本书中学到的哪些内容可以帮助你打造一个更成功的、更加可持续的职业生涯？

参考文献

序言

1. McKinsey & Company and LeanIn.Org, Women in the Workplace: 2021 (N.p.: McKinsey and Company, 2021).

2. McKinsey and Company and LeanIn.Org, Women in the Workplace: 2021, 7, 12, 38, 50.

3. McKinsey and Company and LeanIn.Org, Women in the Workplace: 2021, 7.

4. McKinsey and Company and LeanIn.Org, Women in the Workplace: 2021, 7.

5. Mary Davis Holt, Jill Flynn, and Kathryn Heath, Break Your Own Rules: How to Change the Patterns of Thinking That Block Women's Paths to Power (San Francisco: Jossey–Bass, 2011), 2–3.

6. Roy Adler, "Women in the Executive Suite Correlate to High Profits," Harvard Business Review 79, no. 3 (2001): 30–32.

7. Cristian L. Dezső and David Gaddis Ross, "Does Female Representation in Top Management Improve Firm Performance? A Panel Data Investigation," Strategic Management Journal 33, no. 9 (2012): 1072–1089.

8. Sundiatu Dixon–Fyle, Kevin Dolan, Vivian Hunt, and Sara Prince, "Diversity Wins: How Inclusion Matters," McKinsey & Company, May 19, 2020.

9.   Natacha Catalino and Kirstan Marnane, "When Women Lead, Workplaces Should Listen," McKinsey & Company, December 11, 2019.

10. Groundhog Day, directed by Harold Ramis (Hollywood, CA: Columbia Studios, 1993).

11. Malcolm Gladwell, Outliers: The Story of Success (New York: Little, Brown & Co., 2008), 35–68.

12. Nicholas Salter, "A Brief History of Female Fortune 500 CEOs," Lead Read Today, Fisher College of Business, Ohio State University.
     Nina Stoller–Lindsey, "Trailblazing Women Who Broke the Glass Ceiling in the Business and Finance Sectors," Forbes Magazine, March 7, 2017.

13. Catalyst, "Historical List of Women CEOs of the Fortune Lists: 1972–2021," June 2021.

14. Holt, Flynn, and Heath, Break Your Own Rules.

15. Roy D'Adler, "Women in the Executive Suite Correlate to High Profits," Harvard Business Review 79, no. 3 (2001): 30–32; Lois Joy, Nancy M. Carter, Harvey M. Wagner, and Sriram Wagner, The Bottom Line: Corporate Performance and Women's Representation on Boards, Catalyst report, October 2007. Cristian L. Dezső and David Gaddis Ross, "Does Female Representation in Top Management Improve Firm Performance? A Panel Data Investigation?," unpublished article.

16. McKinsey and Company and LeanIn.Org, Women in the Workplace: 2021, 8.

第一章

1. Wei Zheng, Ronit Kark, and Alyson Meister, "How Women Manage the Gendered Norms of Leadership," Harvard Business Review, November 28, 2018.

2. Dasie J. Schultz and Christine Enslin, "The Female Executive's Perspective on Career Planning and Advancement in Organizations: Experiences with Cascading Gender Bias, the Double-Bind, and Unwritten Rules to Advancement," SAGE Open 4, no. 4 (2014).

3. Conversation with Lynne Ford.

4. Michael Lombardo and Robert Eichinger, The Leadership Machine (Minneapolis: Lominger, 2005).

5. Marshall Goldsmith, What Got You Here Won't Get You There (New York: Hachette Books, 2007).

6. Ursula Burns, Where You Are Is Not Who You Are (New York: Amistad Publishing, 2021).

7. Herminia Ibarra and Otilia Obodaru, "Women and the Vision Thing," Harvard Business Review (January 2009).

第二章

1. Tasha Eurich, "What Self-Awareness Really Is (And How to Cultivate It)," Harvard Business Review, January 4, 2018.

2. Eurich, "What Self-Awareness Really Is."

3. Eurich, "What Self-Awareness Really Is."

4. Bren é Brown, The Gifts of Imperfection: Let Go of Who You Think You're Supposed to Be and Embrace Who You Are (Minneapolis: Hazelden Publishing, 2010). Quote from Brené Brown, Daring Greatly: How the Courage to Be Vulnerable Transforms the Way We Live, Love, Parent, and Lead (New York: Avery, 2012), 294.

5. Robert W. Eichinger and Michael M. Lombardo, The Career Architect Development Planner, 5th ed. (Dallas: Lominger International, 2010), 857.

6. Shanna Hocking, "Why Women Need to Ask for Better Feedback, More Often," Harvard Business Review, September 10, 2021.

7. Tasha Eurich, "Why Self-Awareness Isn't Doing More to Help Women's Careers," Harvard Business Review, May 31, 2019.

8. Joseph Folkman, "Top Ranked Leaders Know This Secret: Ask For Feedback," Forbes, January 8, 2015.

9. Mary Davis Holt, Jill Flynn, and Kathryn Heath, Break Your Own Rules: How to Change the Patterns of Thinking That Block Women's Paths to Power (San Francisco: Jossey-Bass, 2011).

10. Kirsten Weir, "Give Me a Break: Psychologists Explore the Type and Frequency of Breaks We Need to Refuel Our Energy and Enhance Our Well-Being," Monitor on Psychology 50, no. 1 (2019).

11. "The Double-Bind Dilemma for Women in Leadership (Infographic)," Catalyst: Workplaces that Work for Women," August 2, 2018.

12. Pat Olsen, "How to Overcome the 'Double Bind,'" Diversity

Women Media, February 21, [2021].

13. Jane Edison Stevenson and Evelyn Orr, "We Interviewed 57 Female CEOs to Find Out How More Women Can Get to the Top," Harvard Business Review, November 8, 2017.

14. Maren Showkeir and Jamie Showkeir, Yoga Wisdom at Work: Finding Sanity Off the Mat and On the Job (Oakland, CA: Berrett-Koehler, 2013), 136.

15. Stephen R. Covey, The Seven Habits of Highly Effective People, 4th ed. (New York: Simon & Schuster, 2020).

第三章

1. Steuart Henderson Britt and Harper W. Boyd Jr., Marketing Management and Administrative Action (New York: McGraw-Hill, 1973).

2. Stéphanie Thomson, "A Lack of Confidence Isn't What's Holding Back Working Women," Atlantic, September 20, 2018.

3. Meghan I. H. Lindeman, Amanda M. Durik, and Maura Dooley, "Women and Self-Promotion: A Test of Three Theories," Psychological Reports 122, no. 1 (2019): 219–230.

4. David McNally and Karl Speak, Be Your Own Brand (Oakland, CA: Berrett-Koehler, 2001), 4.

5. Lida Citroën, Control the Narrative: The Executive's Guide to Building, Pivoting and Repairing Your Reputation (London: Kogan Page, 2021), 1.

6. PR Newswire, "More Than Half of Employers Have Found Content

on Social Media That Caused Them NOT to Hire a Candidate, According to Recent CareerBuilder Survey," press release, CareerBuilder.com, August 9, 2018.

第四章

1. Elena Doldor, Madeleine Wyatt, and Jo Silvester, "Research: Men Get More Actionable Feedback Than Women," Harvard Business Review, February 10, 2021.

2. Doldor, Wyatt, and Silvester, "Research: Men Get More Actionable Feedback Than Women."

3. Sylvia Boorstein, "What We Nurture," On Being, May 5, 2011, updated May 9, 2019.

4. Boorstein, "What We Nurture."

5. Robert W. Eichinger and Michael M. Lombardo, The Career Architect Development Planner, 5th ed. (Dallas: Lominger International, 2010).

第五章

1. Alexandra Carter and Janet O'Shea, eds., The Routledge Dance Studies Reader, 2nd ed. (Routledge, 2010), 96.

2. Kathryn Heath, Jill Flynn, and Mary Davis Holt, "Women, Find Your Voice," Harvard Business Review (June 2014).

3. Tim S. Grover, Relentless: From Good to Great to Unstoppable (New York: Scribner, 2014).

4. Kathryn Heath, Jill Flynn, Mary David Holt, and Diana Faison, The Influence Effect: A New Path to Power for Women Leaders (Oakland, CA: Berrett-Koehler, 2017).

5. Angie Flynn-McIver, Before You Say Anything: How to Have Better Conversations, Love Public Speaking, and Finally Know What to Do with Your Hands ([Asheville, NC]: Nutgraf Productions, 2021).

第六章

1. Yang Yang, Nitesh V. Chawla, and Brian Uzzi, "A Network's Gender Composition and Communication Pattern Predict Women's Leadership Success," PNAS: Proceedings of the National Academy of Sciences of the United States of America 116, no. 6 (2019).

2. Kristen Hicks, "Why Professional Networking Groups for Women Remain Valuable," Fast Company, January 7, 2020.

3. Robert W. Eichinger and Michael M. Lombardo, The Career Architect Development Planner, 5th ed. (Dallas: Lominger International, 2010).

4. See Alexandra Michel, "Burnout and the Brain," Association for Psychological Science, January 29, 2016.

5. Glenda Mcdonald, Debra Jackson, Margaret H. Vickers, and Lesley Wilkes, "Surviving Workplace Adversity: A Qualitative Study of Nurses and Midwives and Their Strategies to Increase Personal Resilience," Journal of Nursing Management, April 13, 2015. See also "How Burnout Affects Women," The WellRight Blog, November 20, 2019. See also Corporate Counsel Women of Color, "Overworked and Stressed 5 Strategies to Manage Burnout,"

April 6, 2021.

6. David Rock and Heidi Grant, "Why Diverse Teams Are Smarter," Harvard Business Review, November 4, 2016.

7. Herminia Ibarra, "A Lack of Sponsorship Is Keeping Women from Advancing into Leadership," Harvard Business Review, August 19, 2019.

8. Ibarra, "A Lack of Sponsorship Is Keeping Women from Advancing into Leadership."

9. Juliet Eilperin, "White House Women Want to Be in the Room Where It Happens," Washington Post, September 13, 2016.

第七章

1. Linda Babcock and Sara Laschever, Women Don't Ask: Negotiation and the Gender Divide (Princeton, NJ: Princeton University Press, 2021.

致　谢

首先我们要向读者表示感谢。你们陪伴我们走过这一段旅程，而我们最大的心愿就是这本书的思想能与你同行，帮助你以及那些你所支持、赞赏、共事的女性进步。我们希望你能成功且极致地发挥你的影响力，或许你还能为后来者点燃火炬。

我们有幸能辅导成千上万的女性，并对她们表示由衷的感谢和钦佩。她们孜孜不倦地工作，对各自的领域产生了深远的影响，且勇于分享她们的经历。感谢我们曾合作过的企业，它们为支持、培养女性人才做出了不懈努力，为未来做出了战略性投资，并持续至今。

感谢我们的朋友和同事，感谢布拉万蒂（Bravanti）公司的总裁兼首席执行官苏珊·加拉格尔（Susan Gallagher）和布拉万蒂公司的全体团队成员支持、资助、推动、促进女性迅速成长。没有他们，这部作品可能不会问世。我们的使命就是勇敢地点燃未来，而在整个女性成长史中从未见证过如此有开创性的使命。

特别感谢安娜·莱茵伯格（Anna Leinberger）鼓励我们完成这部作品。她总是一针见血地提出问题，让我们精益求精地不断改进这本书。同时我们还要致谢布拉万蒂公司的编辑——尼尔·马耶特（Neal Maillet），他带领我们坚持到最后。他们的指导和支持让我们捕捉到许多普遍存在的问题，并将其反馈给来自不同领域、行业、背景的女性。

我们要向合作伙伴玛伦·肖基尔（Maren Showkeir）致以最诚挚的谢意，是她找到了我们，帮助我们坚持完成使命，并带领我们冲过终点线。她用幽默、智慧和坦诚做补剂，没有她，我们无法想象自己现在的处境。

凯特·巴比特（Kate Babbitt）让我们一步一个脚印地进步。她才华横溢，我们有幸能与她共事。

非常感谢《构建影响力》（*Weaving Influence*）❶的作者贝基·罗宾逊（Becky Robinson）努力让更多人看到这部作品。特别感谢吉尔·弗林（Jill Flynn）、戴安娜·费森（Diana Faison）、缇娜·鲍威尔（Tina Powell）、凯西·斯图尔特（Kasey Stewart）、卡蒂·霍利菲尔德（Kati Hollifield）、安·莫里斯（Ann Morris），以及所有帮助我们推进女性领导力辅导工作的咨询顾问。他们开创了女性互助的传统，并带来了深远的影响。

---

❶ 书籍名为本书翻译人员自译。——译者注

　　我们如何能用文字向我们的另一半、家人、朋友、同事表达感激之情？感谢你们支持、评判、接纳了我们的工作成果。在我们为这本书倾注时间和心血时，你们的鼓舞和做出的牺牲让我们内心的感激溢于言表，我们对你们的尊敬、爱、感恩之情永无止境。

　　最后，我们要向一代又一代的劳动女性、各行各业的女性、所有在人山人海中作为开路先锋的"唯一"女性致以最崇高的敬意。愿我们都能找到自己的声音，用它来实现我们的理想，为我们的同辈和下一代人创造更美好、更光明的未来。